K FOOD

한식의 비밀 · 셋

K FOOD

한식의 비밀·셋

자문·박채린
요리·이하연

담그다·삭히다

담그다
삭히다

뭐든 삭혀야 제맛! 발효 문화

장류, 김치, 전통주 등이 발효하는 데
최적의 용기인 옹기. 미세 기공을 통해
공기가 유입되는, 숨 쉬는 그릇이다.

한국인이 김치 재료로 가장 많이 쓰는 배추.
김치는 1단계로 배추를 소금에 절여 유해
미생물을 억제하고, 2단계로 김치 전용 양념을
넣고 버무려 옹기에 담아 발효를 유도한다.
소금절이해 보존하는 다른 문화권의 음식에서는
찾아보기 힘든 복합 발효 방식이다.

잘 띄운 메줏덩이를 소금물에 담가 몇 달간 햇볕을 쬐며
항아리 속에서 발효시킨다. 깊은 풍미를 머금은 메주를 건져서
소금을 섞어 치댄 후 다시 발효시키면 된장이 된다.
메주가 우러난 장물을 묵히면 간장이 된다.

머리글

장, 담그다

김치, 담그고 삭히다

술, 삭히다

담그고 삭혀 만든 일상 한식

담그다
삭히다

결핍에서 태어난 한국의 발효 문화

글 · 박채린(세계김치연구소 책임연구원)

쌀과 누룩을 섞어 20일 이상 옹기 항아리에서 발효하면
한국의 대표적 술 막걸리가 만들어진다.
시간이 빚은 술, 한국인의 술에도 발효 과학이 숨어 있다.

얼마 전 한국에 거주하는 유럽과 북미권 출신 외국인 수백 명을 대상으로 한국의 대표 발효 식품 김치가 그들의 문화와 어떻게 어우러질 수 있을지 파악하기 위해 인터뷰를 진행한 적이 있다. 김치 자체에 대해서는 상당히 긍정적인 반면, 김치가 발효 식품이라는 점을 강조하는 커뮤니케이션 키워드에 대해서는 극도로 반감을 표하는 그들의 반응에 적잖이 놀랐다. 이들에게 '발효(ferment)'는 '썩은(rotten)'과 유사한 의미였고, 일상생활에서는 거의 사용할 일이 없는 사어死語로 여겨지고 있었다.

예상치 못한 의외의 반응에 놀란 나는 "당신들이 늘 먹는 치즈, 와인, 요구르트도 발효 음식 아니냐"라고 반문했다. 놀랍게도 그들은 이런 음식을 발효 식품이라고 의식해본 적이 없다고 했다. 발효 음식의 유용성이 점차 부상하고 있으니 그들에게도 보편적 발효 음식의 하나로 김치를 소개하면 받아들이기가 좀 더 쉬울 거라 생각한 나는 크게 당황했다. 게다가 낯선 발효 음식을 처음 접할 때 흔히 겪는 거부감이 아니라 발효라는 용어 자체에 대한 인식에 차이가 있다는 점이 흥미로웠다. 왜 이런 현상이 생긴 것일까? 외국 발효 식품 전문가들의 자료를 뒤적이다가 의미 있는 단서를 찾았다.

프랑스 음식 평론가 마리클레르 프레데리크Marie-Claire Frederic에 따르면 루이 파스퇴르Louis Pasteur(1822~1895)가 현미경으로 세균의 존재를 발견한 이후부터 발효라는 단어 대신 '숙성시키다' 또는 '재다'라는 말로 에둘러 표현하는 풍조가 생겼다고 한다. 세균 발견 이후 세균의 공포에 갇힌 서구권에서는 '근대 위생 패러다임'으로 볼 때 아직 규명되지 않은 미생물이 관여하는 전통 방식의 발효는 지저분하고 덜 문명화된 것, 위험한 것으로 여겨졌다. 또 치즈, 요구르트, 빵, 소시지, 햄 등을 산업적으로 대량생산하면서 전통 발효 과정을 생략하고도 만드는 게 가능해지자 식품 공장에서 저온살균을 거쳐 미생물을 통제해 만든 음식만이 안전하고 위생적이라는 신념에 빠지게 되었다. 효모의 발효는 베이킹파우더가 대신했고, 사워크림은 발효 대신 레몬즙으로 신맛을 냈다. 발효 유제품은 저온살균한 뒤 특정 종균만을 인위적으로 첨가해 만들었다.

미생물의 존재를 알게 된 지 100여 년이 지난 지금까지도 발효라는 단어가 지닌 부정적 연상 작용은 서구 사람들에게 여전히 뿌리 깊이 박혀 있지만 아이러니하게도 콤부차, 김치, 와인, 치즈 등 특정 식품은 건강한 음식으로 꼽히며 부흥기를 맞고 있다. 발효를 발효라 말하든, 이를 숨기고 다른 이름을 붙이든 부정하기 어려운 것은 발효 음식이 지닌 맛과 효능에 세계인이 점차 매료되어가고 있다는 것이다. 발효라는 말을 대체할 수 있는 적절한 커뮤니케이션 용어가 무엇일지는 차후 마케팅 영역에서 고민할 숙제가 될 테지만 말이다.

한식, 발효를 빼고 말할 수 없다!

서구에서 발효라는 단어에 대한 반감이 아직 크게 남아 있다고 해도 한국 음식 문화를 이야기하면서 발효를 빼놓고 말하기란 불가능하다. 1980년대에 한국을 방문한 적이 있는 프랑스의 구조주의 인류학 창시자 클로드 레비스트로스Claude Lévi-Strauss(1908~2009)는 "중식中食은 불 맛, 일식日食은 칼 맛, 한식韓食은 발효의 삭힌 맛"이라는 말로 한국 음식의 개성을 정의 내렸다. 발효는 인류의 보편적 음식 문화인데, 어떻게 유독 한국 음식의 특징을 발효의 맛으로 특정할 수 있었을까? 대학자의 통찰력에 감탄을 금할 수 없다.

한식의 발효 음식은 종류와 유형이 꽤 다채롭다. 그 종류가 많기도 하지만 일상에서 발효 음식을 먹는 빈도와 활용도가 압도적으로 높다. 한 끼 상차림에서 다양한 발효 음식을 한꺼번에 접할 수 있다는 점은 한식에 발효 색채가 얼마나 짙은지를 말해준다. 어떻게 한 상 차림에서 거의 모든 발효 식품을 맛보는 것이 가능할까?

한식의 한 상 차림은 간을 전혀 하지 않은 밥을 주식으로, 국 또는 찌개 그리고 여기에 맛과 간을 더해줄 반찬을 올리는 것이 기본 구조다. 탄수화물 함량이 높은 밥은 침 분비가 원활해야 분해하기 쉽고 목 넘김도 수월해지는데, 침 분비를 촉진하는 것이 염류를 함유한 반찬이다. 반찬 가짓수는 그 집 형편과 주부의 솜씨에 따라 달라진다. '반찬 문화'는 한식의 핵심이라 해도 과언이 아니다.

반찬이라는 개념은 영어의 사이드 디시side dish라는 번역어로는 이해하기 힘들다. 사이드 디시는 어쩌다 한 번 내킬 때 먹는, 먹어도 되고 안 먹어도 되는 음식이다. 사이드 디시 없이 메인 디시만 먹어도 전혀 지장이 없다. 하지만 한식 상차림에서는 무미의 주식인 밥을 한 번 먹을 때마다 부식인 반찬 역시 적어도 1회 이상 먹어야 한다는 점에서 사이드 디시와 반찬은 엄밀히 말해 전혀 다르다고 할 수 있다. 오죽하면 짜게 만들어 오래 두고 먹을 수 있는 반찬에는 밥(飯)을 돕는(佐) 역할을 한다고 하여 좌반佐飯이란 명칭이 붙기까지 했을까.

반찬 중에서 가장 기본이 되는 것이 대표적 발효 채소 식품인 김치다. 김치는 다른 반찬을 전혀 만들 수 없는 형편일 때 일당백一當百 역할을 한다. 한국에서 "반찬이 없다"는 말은 김치만으로 밥을 먹어야 한다는 뜻으로 받아들여도 무방할 정도다. 발효 식품인 김치는 물론이거니와 국을 포함한 대부분의 반찬 또한 간장, 된장, 고추장, 액젓 등의 발효 식품을 활용해 조리하거나 이를 기본 베이스로 사용한다. 국은 콩을 발효해 만든 된장에 물과 각종 채소를 넣고 끓이는 게 기본이고, 된장을 넣지 않는다면 간장으로 간한다. 생선이나 어패류를 소금에 절여 발효한 젓갈, 간장으로 간한 나물, 아예 된장에 박아 숙성시킨 장아찌, 간장 양념에 잰 쇠고기, 고추장 양념을 한 생선조림 등 발효 음식이 단독 식품으로서만 활용되는 것이 아니라 기본 맛을 내는 베이스로 대부분의 음식에 빠지지 않고 쓰인다. 그로 인해 밥을 제외한 한 상에 차린 거의 모든 음식에서 발효의 맛을 경험하게 되는 것이다. 국과 김치 그리고 발효 식품으로 간한 소소한 반찬 몇 가지를 통해서도 곡물에 부족한 최소한의 비타민과 무기질, 아미노산을 어느 정도 보완하도록 설계된 상차림인 셈이다.

맨밥과 반찬을 번갈아가며 먹다 보면 하나의 음식을 모두 삼키고 다른 음식을 먹는 게 아니라 입안에서 모두 섞이기 일쑤다. 발효 음식을 베이스로 만든 반찬 자체도 복합적인 발효 맛이지만 반찬을 얼마나 먹느냐, 어떤 반찬이 서로 섞이느냐에 따라 맛이 달라진다. 음식을 만든 사람이 아닌 먹는 사람이 입안에서 맛을 바꿀 수 있는 자기 주도적 취식인 것이다. 한국에서 쌈 싸 먹고 비벼 먹는 문화가 유독 발달한 것도 이와 무관하지 않다. 입안에서 섞이는지, 먹기 직전에 섞는지만 다를 뿐 취식자 스스로 요리사가 되는 셈이다.

서양과 너무나 다른 한식 문화에 입문하기 위해서는 발효의 맛과 반찬 문화에 대한 이해가 필수다. 서양인이 한국에 와서 처음 식사 자리에 초대받았을 때 곧바로 적응하기 난처해하는 부분이 이 반찬 문화다. 밥상 위에 무질서하게 놓여 있는 반찬들을 어떤 순서로, 어떻게 먹어야 할지 너무나 난감한 것이다. 자신 앞에 놓인 개인 접시 속 음식만을 자기 것으로 알고 먹어온 사람에게는 너무나 낯선 방식이다. 개인이 먹을 것을 개별 접시에 각각 담아 혼동할 여지가 없는 그들의 상차림과는 너무나 다르기 때문이다. ⤴ 2권 '한국인이 밥 먹는 방법' 36쪽

최근에는 한국에서도 해외 식문화를 벤치마킹한 식당이 늘어나고 개인주의 경향이 짙어지면서 다양한 반찬을 조금씩 담아 1인용으로 차려내는 경우가 많아졌다. 한국 반상 차림을 처음 본 외국인에게 형형색색 옹기종기 한 군데 모아 담은 반찬은 마치 샘플러

sampler처럼 '보는 즐거움'과 동시에 '골라 먹는 재미'를 선사한다.

그런데 반찬 문화에 대한 이해가 높아진 후에는 오히려 하나의 반찬 그릇에 수북이 담긴 반찬을 나누어 먹는 방식이 더 매력적으로 느껴진다는 외국인이 상당수다. 우선 상에 차려낸 반찬의 가짓수도 놀랍지만, 그 반찬을 차리는 사람이 일방적으로 할당해주는 것이 아니라 취향에 따라 더 먹고 싶은 것은 더 먹고, 그렇지 않은 것은 덜 먹어도 되며, 반찬을 나눠 먹는 과정에서 같이 먹는 상대의 음식과 취향도 알 수 있게 된다는 것이다. 이것을 자신의 나라에는 없는 한국 특유의 '음식 셰어링(food sharing)' 문화라며 높이 평가하기도 한다. 한국 음식 문화의 공동체 나눔 정신이 잔치나 김장 때 모여 하는 음식 품앗이에만 있는 것이 아니라는 점을 새삼 확인할 수 있다. ↱ 1권 '한식 상에 담긴 봉건 윤리와 민주주의' 154쪽

한식 발효를 만든 일등공신, '결핍' '한정'

반찬 가짓수가 많을수록 잘 차린 밥상임은 말할 것도 없다. 하지만 한국의 전통 부엌은 여러 가지 반찬을 빠른 시간에 조리하기 어려운 구조다. 온돌을 이용하는 전통 한옥은 아궁이에 나무를 땔 때 난방과 조리를 동시에 해결하는 방식이다. 고열 요리가 어렵고 화구도 많지 않다. 무쇠솥을 화구에 걸어두고 음식을 만들어야 했기에 강한 불에 빨리, 여러 가지 요리를 동시에 만드는 방식은 발달하기 어려웠다. 자연히 뭉근한 불에 삶거나 찌거나 데치는 방식 위주의 요리를 만들 수 있었을 뿐이다. 더구나 상차림도 조리가 완성되는 순서대로 제공하는 것이 아니라 한꺼번에 차린 후 밥상째 올리는 형태였으니 말이다.

조그만 화로에 숯을 피워 자주 뒤집어가며 오랜 시간 구워야 하는 구이 요리는 많은 양을 한꺼번에 만들기 어려운 만큼 한민족에게

특별한 음식이었다. 강력한 화력을 이용한 조리가 가능한 중국의 경우 튀김, 볶음 등 고열 요리가 발달한 것과 대비된다.

이러한 환경 속에서 빛을 발한 것이 미리 마련해둔 저장 식품이다. 여러 가지 반찬과 국까지 올려야 하는 밥상을 뚝딱 차려낼 수 있는 발효 저장 음식은 한국의 열악한 자연환경과 주거 형태, 조리 방식, 밥상 구조와 너무나 잘 맞아떨어졌다. 장기 저장을 해야 하므로 소금과 장 등에 절여두는데, 그 과정에서 발효가 이루어진다.

한국에서는 미리 많은 양을 만들어두고 언제고 꺼내 먹을 수 있는 기본적인 반찬을 '밑반찬'이라고 부른다. 이때 '밑'이라는 말의 의미는 단어 자체로는 '베이스먼트basement'에 해당하는데, '늘 기본적으로 준비된'이라는 뜻으로 해석할 수 있다. 김치, 장아찌, 젓갈 등이 여기에 속한다. 비슷한 발효 음식이 다른 문화권에도 존재하지만 대부분 먹기 전에 데치거나 볶거나 다른 음식에 넣어 조리하는 과정을 반드시 거치는 것과 달리 한국의 밑반찬은 그조차 필요 없다. 항아리에 보관해두었다가 상 차릴 때 꺼내어 바로 그릇으로 옮기기만 하면 되는 초간단 스피드 요리다.

클로드 레비스트로스는 발효를 "불 없이 음식을 조리하는 기술"이라 정의했다. 인간이 음식을 날로 먹지 않고 복잡한 조리를 거

치는 이유는 재료의 물성 변화를 통해 섭취 및 소화 흡수 용이, 영양소 손실 최소화 및 체내 흡수율 증가, 풍미 향상, 위해 요소 제거 등을 위해서다. 날것(raw) 상태의 원래 물질(A)이 먹기 쉽고 안전하면서도 맛과 향, 영양소 흡수율을 높인 상태(A′)로 변화하기 위해서는 삶기, 찌기, 끓이기, 굽기, 데치기, 조리기 등 불을 이용한 조리 절차가 필요하다.

그런데 발효 음식은 익히지는 않았지만 날것이 아니며, 불을 이용한 조리 과정을 거치지 않고도 영양소·물성·풍미에 변화가 생겨 소화시키기 쉬운 상태로 만들어진 음식이다. 단, 보편적으로 기호를 향상시키는 가열 조리와 달리 발효 음식은 이 '변화된 상태'를 수용하는 집단에는 좋은 음식이 되는 반면, 수용하지 못하는 집단에는 음식으로서 받아들여지지 않는다는 점에서 차이가 있다. 발효에 대한 레비스트로스의 관점은 불을 사용하지 않고도 원재료(A)가 지닌 속성을 크게 변화시키거나(A″) 아예 전혀 다른 제3의 형태(B)로 탈바꿈시킴으로써 조리 목적을 달성하는 발효 메커니즘의 핵심을 잘 꿰뚫어 본 것이라 할 수 있다.

한국의 환경에서 이미 만들어 옹기 항아리에 저장해놓은 김치와 발효 장 그리고 장에 채소를 숙성시켜 만드는 장아찌, 생선과 어패류의 살·알·내장으로 만든 젓갈 등의 밑반찬은 너무나 유용했다. 다양한 식재료가 1년 내내 도처에 널려 있었거나, 조리용 열원이 강력했거나, 열 전달 매체인 기름이 풍부해 단시간에 굽고 튀기는 요리가 가능했거나, 스테이크 하나만 구워도 식사가 되는 구조였다면 발효 음식이 한국에서 이렇게 중요한 비중을 차지하지는 않았을 것이다.

김치는 다른 반찬을 전혀 만들 수 없는 형편일 때
일당백 역할을 한다. 한국에서 "반찬이 없다"는 말은 김치만으로
밥을 먹어야 한다는 뜻으로 받아들여도 무방할 정도다.
김치는 물론이거니와 국과 대부분의 반찬 또한 간장, 된장,
고추장, 액젓 등의 발효 식품을 활용해 조리한다.

발효, 미생물과 인간의 싸움

발효는 곰팡이, 효모, 세균 등 미생물의 작용으로 원래 물질이 분해되어 새로운 물질이 만들어지는 현상으로, 식품을 좀 더 오래 저장하거나 잉여 식량을 보관해두던 보편적 행위 속에서 발견된 우연의 산물이다. 따라서 처음에 인류는 저절로 만들어진 발효 음식을 먹었을 테다. 그러다가 발효 방식의 효용성을 터득하면서 차츰 발효 음식을 인위적으로 만들기 위한 지식과 기술의 축적이 필요해졌을 것이다. 먹을 것이 부족할 때를 대비해 식량을 생산, 저장, 보관하는 기술을 고도화함으로써 안정적으로 식량을 확보하고 보존하는 일은 생존과 직결되는 문제이기 때문이다.

오랜 기간 저장해둘 수 있는 발효 음식은 먹거리 부족이라는 위험을 대비해 들어두는 보험과 같다. 하지만 정작 필요할 때 유용하게 잘 쓸 수 있으려면 시행착오를 통해 축적한 지식과 기술이 필요하다. 자칫 발효 중에 망가져버리면 미래를 대비하기는커녕 원물原物조차 건질 수 없으니 투자 손실이 이만저만한 게 아니다. 결국 음식물의 장기 보존은 음식물을 두고 이를 먹이 삼아 살아남으려는 미생물과 인간의 싸움으로 볼 수 있다.

이 싸움은 두 가지 방식으로 치러졌다. 첫 번째는 미생물이 생존할 수 있는 수분, 영양소, 온도, 산도, 염도, 산소 등 환경을 악화시켜 최대한 미생물의 활동을 억제하는 형태다. 흔히 고온·고압 가열, 건조, 연기 소독(훈제), 산도 높은 식초에 침지한 후 밀폐해 공기를 차단하는 등 다양한 가공 처리법이 동원된다. '장기 저장'이 주목적이므로 발효를 일부러 유도하지 않는다. 과학기술이 고도로 발달한 현대에는 냉장이나 냉동 기술을 통해 미생물을 잠재우는 형태로 발전했다.

두 번째는 이들과 공생하며 모두 윈-윈하는 형태로, 미생물의 생명 활동을 역으로 이용해 발효를 유도하는 방식이다. 통상 가염加

鹽으로 수분 활성도를 낮추어 미생물의 활동을 통제하는 방법이 일반적이다.

이 중 어떤 식재료에 어떤 방식을 적용할지는 각 문화권에 속한 사람들의 결정에 따라 달라진다. 그 선택의 배경에는 각자 처한 자연, 지리적 환경, 음식 기호, 동원 가능한 자원, 관련 도구를 비롯해 기술의 발달과 관련 지식 축적도 등이 다양하게 작용한다. 문화인류학자인 전경수 서울대 명예교수는 발효 음식의 이러한 속성을 "사람이 개입하지 않는 미생물만의 영역과, 사람의 지식과 행동이 개입해야 하는 문화적 작업이 결합해 완성하는 공존의 산물"이라고 풀이했다.

최소 비용 최대 효과, 한국 발효식

열악한 자연환경에 자원이 부족하고 습도도 높은 한국에서는 두 번째 염장鹽藏 발효 가공법이 주류를 이루어왔다. 채소절임 방식을 비교해보면 쉽게 이해할 수 있다.

지중해성기후 지역에서는 뜨거운 태양 덕분에 연중 과일이 풍부했고 이를 이용해 만든 술과 식초는 잉여 과일을 비축하는 방법의 여러 선택지 중 하나였다. 과일로 만든 식초는 채소와 과일을 오래 저장할 수 있도록 담가두는 데 더할 나위 없이 유용한 재료였다.

당도 높은 과일을 다량으로 수확하기 어려운 온대기후에 속한 한국에서는 주로 곡물을 이용해 식초를 만들었다. 밥으로 먹어야 할 곡물을 식초로 만드는 일은 배부름을 포기해야 가능한 일인 만큼 식초는 매우 귀했고, 약용으로 쓰거나 음식을 조리할 때 조미료로 아주 조금 사용하는 정도에 불과했다. 당연히 이 귀한 식초에 식품을 담가 저장하는 방식이 발달하기는 어렵다. 스페인의 경우 채소를 식초에 절인 엔쿠르티도encurtido가 발달한 것과는 대조적이다. 한국에서는 과일 대신 콩을 발효해 식초가 아닌 간장·된장을 만들었고, 여기에 채소를 절였다. 소금으로 발효한 장류는 식초만큼 살균력이 강하지 않기 때문에 미생물을 완전히 사멸시키지 못했고, 유익 미생물의 도움을 얻어 또 다른 발효 식품인 장아찌를 만들어냈다.

유해한 미생물의 활성도를 낮추기 위한 건조법은 습도가 낮고 강우량이 적은 환경에서 효율적인 방법이다. 또 온도를 높이거나 연기를 피워 인위적으로 건조하려면 땔감이라는 제조 비용이 추가로 들어간다. 그러한 측면에서 건조, 열탕 살균, 훈제 등 인위적 가공을 거치지 않고 바로 소금과 장에 절이는 보존법은 여름철 고온 다습한 데다가 물자가 풍부하지 않은 한국의 환경에 가장 적합한 방식이었을 것이다. 열처리나 건조 등 전처리 없이 소탈한 옹기에 그대로 담아 소금이나 장에 절였다가 별도의 조리를 거치지 않고 바로 먹는 한국의 발효 음식은 '최소 비용 최대 효과'가 보장되는 음식이었다.

게다가 소금에 의한 젖산발효를 유도한 한국의 발효 음식은 은은한 감칠맛과 신맛을 지녀 곡물과 채소 비중이 높은 한국 식단에 잘 어울린다. 육류나 지방이 많은 음식을 먹을 때처럼 강한 신맛이 필요하지 않기 때문이다. 자연의 혜택을 입지 못해 발달한 소금 보존 방식 덕분에 역설적이게도 한국의 저장 식품은 보존 기간을 연장하는 것보다 '발효'를 유도해 젖산균을 극대화하는 방향으로 발전했다.

특히 김치의 경우 주재료를 소금에 절이기만 함으로써 생채소의 조직감을 유지한 채 유해 미생물을 제어했다. 그 후 2단계에서 젓갈과 향신 양념을 더해 재료 자체의 발효를 유도하는 '한국적 발효법'을 완성시켰다. 덕분에 장기 보존이라는 목적에서 한 단계 진화해 맛, 향, 식감 등에서 한국인의 기호를 충족시킬 뿐만 아니라 저장 과정 중 새로운 영양과 기능성 물질을 만들어내 건강에도 도움을 주었다.

한국의 사계절 발효 주기

한국에서 발효 음식이 발달했다는 것은 종류가 다양하고 많다는 것, 먹을 기회와 빈도가 높다는 것에 더해 관련 문화도 발달했다는 것을 뜻한다. 발효 식품에 대한 의존도가 절대적으로 높다 보니 한국의 발효 문화는 겨울 저장고 보존이라는 원래 목적을 넘어 사계절 발효 문화 사이클을 탄생시켰다.

12월에서 1월 사이에는 장을 만들기 위해 메주를 띄운다. 봄에는 메주를 소금물에 담가 3개월간 발효시켜 간장과 된장을 만든다. 메주 일부를 빻아 찹쌀가루와 조청, 고춧가루를 넣어 고추장을 만들고, 간장과 된장에는 제철 채소를 갈무리해 장아찌를 담근다. 4~5월에는 새우와 생선을 소금에 절여 젓갈을 담가두고 일부는 밥반찬으로, 일부는 김장 담글 때 사용한다. 6월에는 장마철이 오기 전에 김치 절일 천일염을 항아리에 담아 간수를 뺀다. 기온이 올라가는 7~8월에는 식초를 만들고, 10월 전까지는 김치 담글 때 쓸 고추를 잘 말려 빻아둔다. 11~12월에는 김장을 한다. 그 전까지는 봄, 여름, 가을마다 제철에 나는 채소로 계절 김치를 부지런히 담가먹는다.

옹기 없이 발효를 말할 수 있나

또 한 가지 한국의 발효 문화와 밀접하게 관련 있는 것이 옹기 문화다. 연료가 부족한 한국에서는 자기에 비해 낮은 온도에서 구워지는 옹기가 생활 용기로 정착했다. 옹기는 액체가 새는 것은 막으면서 공기는 선택적으로 투과시킨다. 한국인은 소금, 쌀, 곡식, 심지어 과일까지 옹기에 넣어 오랫동안 신선함을 유지했다.

산도를 천천히 떨어뜨려 발효 음식을 최적의 맛으로 오래 유지하는 기능이 있는 옹기는 발효 메커니즘에 최적화한 도구다. 발효 중

한국의 김치, 장, 술, 식초 등 발효식품이 제대로 익기 위해서는 열전도율이 낮은 옹기의 도움이 절대적이다. 땅에 묻은 옹기 김칫독의 원리를 오늘에 적용한 것이 한국인의 10대 발명품 중 하나로 꼽히는 김치냉장고다.

발생하는 탄산을 적당히 머금게 해 김치의 시원한 맛을 살리기도 한다. 열전도율이 낮아서 온도 변화 폭을 최소화할 수 있다는 것도 젖산균의 생존에 유리한 조건이다. 겨울철 땅속 온도에 맞추어 일정하게 온도를 유지하면서 냉장고 이상의 기능을 했고, 따뜻한 볕이 드는 장독대에선 항아리 속 장이 맛있게 숙성되도록 해주었다.

중국의 대표적 소금절이 채소 파오차이(泡菜)가 한국의 김치와 유사하다고 하지만, 파오차이는 통기성이 없는 자기에 담아 뚜껑을 수압으로 밀폐해 강한 신맛이 나도록 발효시킨다는 점에서 차이가 있다. 밀폐된 항아리에서 푹 삭은 파오차이는 볶음 요리를 만들어 먹거나 다른 요리의 산미를 더할 때 재료로 사용한다.

발효 음식은 정말 건강식품인가?

발효의 유용성은 각 나라의 학자들에 의해 상당 부분 밝혀졌지만 내용이 산발적으로 흩어져 있어 일목요연하게 정리할 필요가 있다. 이 분야에 대한 연구가 여전히 진행되고 있기 때문에 계속 업데이트가 필요할 테지만 말이다. 발효 음식의 장점을 정리하면 다음과 같다.

첫째, 발효 음식은 소화흡수율이 높다. 사람이 섭취하기 전에 미생물이 먹고 1차 분해한 산물이 발효 식품이다. 즉 예비 소화 과정을 이미 거쳤기 때문에 조직이 부드럽고 분자량이 작아 사람이 훨씬 쉽게 소화흡수할 수 있다. 발효 과정에서 위장 운동을 활성화하는 유익균이 만들어져 소화를 돕기도 한다. 발효 식품을 먹으면 속이 편안한 느낌이 드는 이유 중 하나다. 둘째, 영양적으로 더 우수하다. 발효 과정 중 일어나는 생물학

적·화학적 변화를 통해 원래 없던 영양소나 비타민, 무기질 등이 생겨나고 새로운 기능성 생리 활성 물질도 만들어진다. 또 젖산균이 생성하는 산성 환경은 식품 속 비타민 B·C·K 등의 농도를 짙게 하고 유지 기간을 늘리는 등 원재료가 갖고 있는 주요 영양 성분의 응축도와 밀집도를 높이기도 한다. 셋째, 발효 식품은 훨씬 안전한 식품이다. 우수한 보존 식품이라고 하는 냉동식품, 통조림 가공식품도 식중독에서 완전히 자유로울 수는 없다. 하지만 제대로 만든 발효 식품은 탈이 나지 않는다는 게 세대를 거쳐 입증되었다. 발효는 식품이 본래 내포하고 있던 독성 물질까지 없애준다. 곡물이나 과채류는 물론 특히 약초에도 이런 작용을 한다. 실제로 한의학에서 약재의 독성을 제거하기 위해 거치는 일종의 해독 작업인 법제法製는 그 과정이 발효와 유사하다.

한국인은 발효식에서 엄마, 고향을 떠올린다

발효 음식을 통해 인간이 얻을 수 있는 가치에 대해 전경수 서울대 명예교수는 이렇게 말했다. "인간이 보존식을 만들려는 목적은 음식 공급의 불완전성을 보완하기 위함이었다. '양적'으로 모자라는 음식물을 보완하기 위한 기능뿐만 아니라 발효를 하지 않으면 획득할 수 없는 영양소의 '질적' 보완에도 기여한다는 점에서 발효 음식은 보완의 음식이다."

오늘날 발효 음식의 양적 보완 기능은 낮아졌지만 질적 보완의 중요성은 오히려 더 높아졌다. 급속 재배, 각종 유해 환경, 가열 및 가공 등으로 손실된 영양소와 우리 몸이 스스로 합성하지 못하는 영양소를 보충하기 위해 건강 보조 식품이 필요해진 것과 같은 이치다. 발효 중 미생물이 만들어내는 영양 기능성 물질은 아직 일부만 밝혀졌을 뿐이며 그 효능을 밝혀내는 작업도 여전히 진행 중이라는 점을 감안할 때 발효 음식이 우리 식생활의 질적 완성도를 얼마나 높일지 섣불리 가늠하기 어렵다.

발효는 살아 있는 미생물의 활동에 의해 이루어지는 작용이다. 주어진 환경에 맞춰가며 스스로 대응한다는 점에서 흔히 미생물의 세계를 하나의 생태계에 비유하곤 한다. 어디에서 유래했는지, 주어진 조건과 환경이 어떠했는지에 따라 너무나 다른 성격의 미생물이 만들어지며, 이들이 생명 활동을 하는 과정에서 여러 대사 물질을 만들어내기 때문이다.

세월이 흐르면서 새롭게 등장하는 발효 음식도 늘어가고 있다. 예를 들면, 고약한 냄새와 톡 쏘는 맛으로 악명 높은 한국의 삭힌 홍어도 역사가 길지 않은 발효 음식이다. 한국 서남해안에 위치한 흑산도에서 잡은 홍어를 무동력선에 싣고 100여 킬로미터 이상 떨어진 영산포구에 내다 팔려면 서해안을 거슬러 올라가야 했다. 운이 좋아 바람을 잘 타면 며칠 안에 도착하기도 하지만, 날씨가 좋지 않으면 무려 한 달이 걸리기도 했다. 기약 없이 시간이 흐르는 동안 홍어가 발효되면서 탄생한 음식이 삭힌 홍어다. 정작 홍어 주산지인 흑산도 주민은 삭힌 홍어 대신 싱싱한 홍어만 먹는다.

우주적 생태 사이클을 지닌 미생물의 메커니즘을 전부 알아내는 것은 불가능하다. 지금도 새로이 유익균이 발견되고, 그 기능성이 속속 밝혀지고 있다. 음식 섭취의 질적 완성도를 높이기 위해 다양한 발효 음식을 고루 먹으려고 계속해서 시도하고 노력해야 한다.

그런데 필자는 발효 식품의 양적·질적 보완 기능에 덧붙여 발효 식품만이 지니고 있는 '정서적 보완' 기능에 대해 말하고 싶다. 미생물의 활동이 변화무쌍하다 보니 생성되는 맛과 향이 발효 단계마다 달라지는데, 그것이 매우 아날로그적인 맛의 스펙트럼을 갖게 한다.

원재료가 분해되는 과정에서 구성물의 조성이 계속 바뀌기 때문에 여러 겹의 맛과 향이 공존하며 복합적인 자극을 제공한다. 만드는 사람과 환경에 따라서도 시시각각 맛이 달라진다. 발효 음식에서 느낄 수 있는 이러한 다채로운 미감은 정서적 만족에 큰 역할을 한다.

발효 음식은 또한 익숙해지는 데 꽤 시간이 걸리는 배타적 음식이다. 어려서부터 접한 공동체 구성원이 아니면 수용하기가 힘든 민족적 특성이 강해 '낯섦과 거부감'이라는 단계를 잘 통과하느냐 그렇지 못하느냐가 특정 문화에 대한 동화 여부를 판단하는 기준이 된다. 한국 사회에서 타 문화 출신자를 대할 때 한국인에게 동화되었는지를 김치 적응 여부로 판가름하는 것이 대표적 예다.

발효 음식의 이 같은 특성은 공동체의 경계를 구분 짓고 같은 구성원끼리 동질감을 갖게 한다. 원래 소속된 공동체와 결속되어 있다는 심리적 안정감을 주어 타지 생활도 견디게 하며, 함께 만들고 먹으면서 쌓은 추억을 소환하게 한다. 인간에게 최고의 정서적 안정감을 안겨주는 엄마, 가족, 고향, 고국을 떠오르게 하니 발효 음식이야말로 '정서적 완성도'를 최고로 높여주는 음식이 아닐까.

우주적 생태 사이클을 지닌 미생물의 매커니즘을 전부
알아내는 것은 불가능하다. 계속 새로이 유익균이 발견되고,
그 기능성이 밝혀지고 있다. 미생물의 활동이 변화무쌍하다 보니
생성되는 맛과 향이 발효 단계마다 달라지는데, 그것이 매우
아날로그적인 맛의 스펙트럼을 갖게 한다.

장,
담그다

된장과 간장은 무엇으로 단련되는가

메주용 콩

알이 굵고 윤기가 흐르는 대두. '노란콩'
'백태'라고도 부른다. 대두를 장류로
발효시키면 영양 성분이 몇 배 커진다.
두부를 만들 때도, 콩나물의
싹을 틔울 때도 이 콩을 쓴다.

숯

된장 숙성 중에 생길 수 있는 곰팡이
아플라톡신을 흡수하는 중요한 재료.
또 무수히 많은 숯의 미세한 구멍이 유익한
미생물의 서식지 역할도 한다.

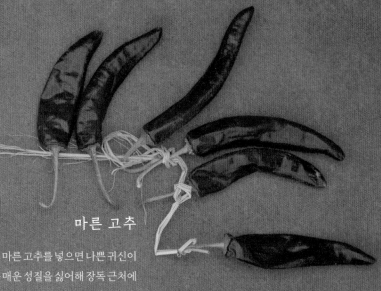

마른 고추

장독 안에 마른 고추를 넣으면 나쁜 귀신이
고추의 붉은색과 매운 성질을 싫어해 장독 근처에
얼씬도 않는다는 속설이 전해진다.
실제로 살균 효과를 지닌 고추의 캡사이신 성분이
잡균의 서식을 막아 된장맛이 잘 변하지 않는다.

천 일 염

장을 담글 때는 칼슘, 마그네슘, 철분 등
미네랄이 풍부한 천일염을 사용한다.
장 담그기 전 미리 자루에 넣고 아랫부분에
막대기를 받쳐 간수가 빠지게 해야
쓴맛이 나지 않는다.

물

예전에는 동지 이후에 내린 눈을 항아리에 녹인
'납설수臘雪水'로 장을 담가야 구더기가 생기지 않는다고
여겼다. 오염되지 않은 생수가 좋고, 수돗물이라면
사흘 정도 숯을 띄워 소독약 냄새를 없앤 후에 쓴다.

복합 맛의 결정체, 된장과 간장

글·박채린(세계김치연구소 책임연구원)

콩의 맛을 향상시키고, 소화를 방해하는 날콩 속 물질을 중화시키며, 저장 기간을 연장시키는 보조제인 한국의 된장.

소금절이 보존 식품의 대표 주자

콩의 원산지는 한반도 북부 만주 지역으로, 이 일대에 거주하던 민족들이 콩의 식용과 동시에 장 만드는 기술을 개발한 것으로 보고 있다. 콩에는 단백질이 많지만 날콩에는 아미노산 중 하나인 트립신의 소화를 방해하는 물질이 들어 있어 반드시 가열해서 먹어야 한다. 먹다 남은 삶은 콩을 토기에 그대로 담아두면 곰팡이와 세균이 서식하기에 매우 좋은 조건이 된다. 콩의 발효물인 메주가 자연스럽게 만들어졌음을 짐작해볼 수 있는 대목이다. 메주로 만드는 된장은 식물인 콩을 오랜 기간 저장하면서 맛도 향상시킨 발효 식품이다. 자체가 발효 식품이면서 다른 식자재의 저상 기간을 연장시키는 보조제 역할까지 하는 덕에 한국 발효 음식 문화 발달에 큰 기여를 했다.

영양 덩어리인 콩을 푹 무르게 삶아 찧어 둥글넓적한 모양으로 만들어 오랜 시간 곰팡이를 번식시킨 것이 장의 기본이 되는 메주다. 이 과정에서 콩의 식물성 단백질은 아미노산으로, 전분질은 당분으로 분해된다. 이 메주를 소금물에 담가 몇 달간 햇볕을 쬐며 항아리 속에서 발효시키면, 완전히 분해되지 않은 원래 성분과 분해 산물, 그 과정에서 생기는 각종 향기와 맛 성분이 소금물과 뒤범벅되어 새로운 발효 식품이 만들어진다.

발효된 메주 속 콩의 향미 성분은 소금물에 녹아 분해되고, 이것이 소금물 속에서 다시 발효되면서 소금만으로는 낼 수 없는 오묘한 맛을 품은 간장이 된다. 풍미가 더해진 간장을 빨아들인 메주를 건져서 가른 뒤 소금을 섞어 치대어 다시 발효시키면 이것은 된장이 된다.

간장은 시간이 흐를수록 끈기가 생기며 색이 검어지고 맛도 진해진다. 이런 이유로 오래 묵힌 것을 귀하게 여긴다. 마치 발사믹 식초처럼 묵은 장醬일수록 상품上品이 된다. 그해에 담근 간장은 색이 옅고 맑아 청장清醬이라고 부른다. 오래 묵힐수록 짠맛은 줄어들고 색이 진해지는데, 담근 지 3~4년 되는 장은 중장, 그 이상 묵힌 것은 진장陳醬 또는 맛이 달아진다고 하여 감장甘醬이라고 부른다. 국에는 색이 연하고 염도가 높은 청장을 넣고, 진한 색과 단맛이 필

그해에 담근 청장淸醬은 음식 본연의 맛을 살릴 때 주로 쓰고, 담근 지 3~4년 되는 중장은 깊은 맛을 낼 때 쓴다. 그이상 묵힌 진장陳醬은 맛이 달아 감장甘醬이라고도 부른다. 사진은 위부터 진장, 중장, 청장.

요한 떡, 약식, 조림 등에는 진장을 쓰는 등 음식 조리법과 용도에 따라 햇장과 묵은장을 각각 구분해 사용했다.

맛있는 장을 만드는 데 주재료인 콩 못지않게 중요한 역할을 하는 것이 좋은 물이다. 상수도가 없던 옛날에는 마을 공동 우물에서 물을 길어 식수를 충당했다. 여럿이 사용하는 우물은 동트기 전 새벽 처음 길렀을 때가 가장 깨끗하기 마련이다. 밤새 불순물이 다 가라앉고 아직 다른 사람의 손을 타지 않은 이 우물물은 특별히 정화수井華水라고 하여 신성시하기도 했다. 여명이 밝지 않은 어두운 새벽길을 뚫고 그 누구보다 앞서 물을 긷는다는 것 자체가 정성을 들이는 일이었다. 혹여 자식이 중요한 시험이라도 앞두고 있다면 간절함이 동반되기 마련이고 운도 따라야 하는 일이었으니, 이처럼 공들여 기도할 일이 있을 때면 정화수를 떠놓고 빌었다. 정화수는 이렇게 정결한 마음가짐과 기원이 투영된 물이었다.

발효가 미생물의 작용에 의한 것이라는 점을 몰랐던 과거 시대에 정화수는 오염되지 않은 순수한 물로서 이상 발효를 막는 데 큰 기여를 했을 테지만 무엇보다 정화수에는 당시 사람들이 신의 영역이라고 생각한 '발효가 잘 이루어지게 해달라'라는 염원이 담겨 있었다. 정화수에 소금을 풀어 메주를 담근 뒤에는 달군 숯과 고추도 띄워서 살균 효과를 더욱 높였다.

한편 메주를 빻아 가루를 내어 질게 지은 밥이나 떡 가루에 버무려 고춧가루와 소금을 넣고 발효시키면 고추장이 되는데, 고추장 역시 다양한 요리에 두루 사용했다. 고추장과 된장은 해마다 담가 먹어야 맛이 좋다. 메주를 만드는 복잡한 과정을 거치지 않고 삶은 콩을 바로 발효시켜 만드는 청국장은 일본의 낫토와 형제지간으로, 한국에서는 주로 국물 음식인 찌개로 만들어 먹는다.

솔로, 앙상블, 오케스트라 모두 가능한 전천후 플레이어

장류는 한식 맛의 핵심이다. 간장과 된장은 소금과 더불어 한국 음식에서 간을 맞추기 위해 사용하는 가장 기본적인 조미료에 해당한다. 솔로, 앙상블, 오케스트라 어떤 역할도 가능한 전천후 음식이다. 예전 어르신들께 올리는 진짓상에는 간장 종지가 단독으로 놓였다. 밥을 한술 뜨기 전에 숟가락으로 간장부터 찍어 먹었는데, 이렇게 하면 염분 때문에 입안에 침이 돌아 밥을 씹기가 쉬워지고, 발효된 간장 속에 들어 있는 소화 효소가 속을 편하게 해준다. 아침 식사로

죽 상을 올릴 때도 간장은 단독으로 놓아 죽의 간을 맞추는 역할을 했다.

장류는 고추, 오이, 쌈 채소를 먹을 때나 회, 전유어 등을 먹을 때는 소스로 곁들여 맛과 기능을 보조하는 앙상블 역할을 했다. 또 국이나 찌개에는 주요 베이스로, 여러 가지 반찬에는 양념으로, 장아찌나 김치를 만들 때는 담금 재료로 사용해 다른 성부聲部를 탄탄하게 떠받치며 오케스트라 전체 선율에 입체감을 주는 베이스 파트 같은 역할을 해냈다. 이처럼 한식에서 기본 역할을 하다 보니 장류는 한 집안의 음식 맛 전체를 좌지우지하는 정체성을 지니게 되었다.

영어로는 'add salt', 즉 음식의 염도를 맞추는 행위를 한국에서는 "간을 한다"라고 표현한다. 한국에서 간을 맞추는 데는 실상 소금보다 소금을 넣어 발효시킨 간장, 된장, 고추장, 젓갈(액젓) 같은 장류를 더 많이 쓴다. 조림, 무침, 구이, 찜, 볶음, 회, 비빔 등 한국 음식의 모든 조리 방식에서 간장과 된장을 사용하지 않는 경우는 극히 드물다. 오히려 소금만 사용하는 경우를 찾아보기 힘들 정도다. 소금이 재료 자체의 맛에 단선적인 짠맛을 부여한다면 장류는 복합적인 맛을 제공한다. 장은 천천히 분해되는 동안 원재료와 분해 물질, 부산물의 조합과 비율이 계속 바뀌기 때문이다. 그 속에 포함된 소금의 맛은 상대적으로 약하게 느껴지기도 한다. 한국인이 서양 음식을 더 짜게 느끼는 것도 한국 음식은 다른 맛 성분이 많아 짠맛에 대한 민감성이 낮기 때문일 것이다.

간장은 애초에 '간을 맞추는 용도로 만든 장'이라는 뜻으로 붙은 이름이다. 염도를 맞추는 것(add salt)과 조미調味(seasoning)가 동시에 가능한 게 간장을 비롯한 장류다. 결국 짠맛의 출발이 소금이 아닌 복합 아미노산 발효액이라는 것이 한식이 복합적인 맛을 띠게 된 핵심 요인이라 할 수 있다.

젓갈은 단독으로도 반찬이 되지만 다른 음식의 간을 하기 위한 용도로 쓰기도 한다. 된장, 간장 같은 장류에 비해 더 귀하기 때문에 사용 빈도는 높지 않지만 맑은국이나 찌개를 끓일 때 새우젓으로 간해 소금보다 깊은 맛을 낸다. 젓갈 문화가 발달한 한반도 서남해안 지역에서는 젓갈의 즙액을 간장 대용으로 사용하기도 한다. 동남아의 어장(fish sauce) 문화와 유사하다. 사실 김치에 젓갈이 들어가게 된 것도 오이나 무를 버무릴 때 젓갈로 간을 한 것이 시초였으니 오늘날 고춧가루에 갖은양념을 넣고 버무려 발효 음식의 상징이 된 김치 역시 발효 식품으로 조미와 간을 해온 한국인의 기호, 취향과 맥이 닿아 있다.

한식 조리에서 음식의 원재료에 맛을 가미하는 특징적인 기법이 갖은양념에 버무리는 것이다. 양념은 순우리말인데, '약藥으로 여긴다廉'는 의미에서

한자어로는 약렴藥廉으로 표기하기도 했다. 한국의 양념과 비슷한 서구권의 스파이스, 허브 모두 약재에서 출발한 것이라 뿌리가 유사해 보이지만 음식에서의 활용법은 사뭇 다르다. 서구권에서는 염도를 맞추는 기본 간은 소금으로 하고 각 재료와 어울리는 특정 향료나 허브 등을 페어링pairing하는 형태로 사용한다. 이와 달리 한국 음식은 모든 게 함께 어우러지는 갖은양념을 한다. 파, 마늘, 깨, 후춧가루, 생강, 참기름 등이 재료에 따라 선별적으로 들어가고 염도를 맞추는 간은 간장, 된장, 고추장을 사용해 소금만으로 가미하는 것과는 다른 맛을 낸다. 갖은양념을 넣어 버무리면 여러 가지 맛이 서로 뒤엉켜 원재료에 없던 새로운 풍미까지 생성된다. ↱ 1권 '조미료를 넘어 약, 한식 양념' 130쪽

소금은 어떤 음식에나 넣어도 무방하지만 장류는 활용하는 재료에 따라 간장을 쓸지, 된장을 쓸지, 고추장을 쓸지 구별해 사용하며 기호나 지역에 따라 다르게 쓰기도 한다. 이탈리아 볼로냐 대학교의 음식 문화사 교수 마시모 몬타나리Massimo Montanari는 "미국으로 이민을 간 이탈리아 사람이 그리워한 것은 파스타가 아니라 바질 향이었다"면서, "바로 향신료가 음식에 특징과 개성을 부여하는 것"이라고 했다. 즉 그 문화권의 음식에 고유한 개성을 부여하는 것이 무엇인지가 음식 문화의 특징을 결정짓는 요소라는 점을 꼬집은 것이다. 한식에서는 장맛이야말로 음식에 고유한 개성을 부여하는 결정적 요소로서 '한국의 맛'이라는 이름표를 달아주는 역할을 하는 것이다.

재료에 갖은양념을 넣고 손으로 강약을 조절해가며 주무르는 조리 기법과 한국식으로 발효한 장류에서 나는 고유한 맛이 한식의 정체성을 결정짓는 열쇠라고 할 수 있다. 스리라차 소스 맛이 나면 태국 음식, 굴 소스 맛이 나면 중국 음식, 데리야키 소스 맛이 나면 일본 음식이라고 느껴지는 것처럼 말이다. 제대로 만든 한식 장류를 하나의 소스 형태로 간편하게 맛볼 수 있다면 어디에 있든 그 음식에서 한국을 느낄 수 있을 것이다.

장 단 집에 복도 많다,
장 담그는 날

글·권오길(강원대학교 생명과학과 명예교수)

① 두레박으로 물을 긷는 깊은 우물.

여름날 땀을 뻘뻘 흘리며 학교에서 돌아올라치면 울 엄마는 부리나케 동네 두레우물①로 달려가 우물물을 길어오셨다. 갓 떠온 시린 찬물을 사발에 가득 붓고 간장을 타서 새끼손가락으로 휘휘 저어주셨지. 콩에 든 단백질·탄수화물·지방이 분해된 아미노산과 유기산, 당분이 내는 향미가 참 일품이었다.

그건 짭조름한 소금기와 감칠맛 나는 아미노산이 그득한 간장 음료다! 그것은 틀림없이 설탕이 듬뿍 녹은 탄산음료나 소금 이온 음료 따위는 저리 가라 할 콜라 빛의 천연 음료인 것이다. 냉장고나 선풍기 없이 고작 우물물과 부채 하나로 한여름을 나던 원시시대 이야기지만 특허를 받고도 남을 만한 '간장 음료'렷다! 아무튼 글을 쓰면서 꿈에도 못 만나는 그리운 어머니를 잠시나마 떠올릴 수 있어서 너무 좋다.

같은 독에서 태어나는 간장, 된장

말의 뜻으로 먼저 살피자면 간장(soy sauce)은 묽고 짠 장을 일컫고, 된장(soybean paste)은 되직한 장을 말한다. 된장의 '된'은 반죽이나 밥 따위가 '되다'란 뜻으로, 된장은 간장과 비교해서 끈적끈적한 점도粘度가 높은 장임을 뜻한다. "바늘 가는 데 실 간다"고 바늘이 간장이라면 실은 된장인 셈이다. 또 "메주는 곧 장이다"라고 하니 메주가 잘 떠야 맛깔 난 간장과 된장을 얻는다. 그래서 된장 이야기를 하기 전에 간장과 메주 이야기를 미리 조금 보탠다.

무엇보다 메주를 쒀야 간장, 된장을 얻는다. 바야흐로 날씨가 싸늘하고 메말라 세균 번식이 덜한 늦가을에 메주콩을 삶는다. 메주를 쑤는 데에 쓰는 콩을 메주콩이라 하는데, 이는 우리가 일반적으로 '콩'이라고 부르는 대두大豆를 말하며 두부를 만들거나 콩나물로 길러 먹기도 하는 콩이다.

물에 불린 메주콩을 푹 삶아 절구질해 으깬다. 뭉텅뭉텅 한 덩이씩 들어내어 토닥토닥 엎치고 메치면서 반듯반듯하게 네모진 육면체로 모양을 뜨니,

③ 민속 신앙에서 '손損'은 날수에 따라
동서남북 네 방위로 다니면서 사람의
활동을 방해하고 사람에게 해코지한다는
악귀 또는 악신을 뜻한다. 즉 예부터
'손 없는 날'이란 악귀가 없는 날이란
뜻으로, 귀신이나 악귀가 돌아다니지
않아 인간에게 해를 끼치지 않는 길한
날을 의미한다. 따라서 이사 또는 혼례,
개업하는 날 등 주요 행사 날짜를 정하는
기준이 된다.

이것이 바로 메줏덩이다. 물렁한 메줏덩이를 볏짚을 깐 뜨끈뜨끈한 온돌방 바닥에 펴놓아 며칠을 말린다. 어지간히 굳었다 싶으면 굵은 볏짚 네댓 가닥으로 각 면을 둘러 묶어서 방안 천장에 줄줄이 매달아 겨우내 건사한다. 이러는 동안에 볏짚이나 공기로부터 여러 미생물이 메주에 옮겨 붙어 콩을 발효시킨다.

한국인의 조상들은 현대 서양 과학 지식이야 모자랐겠지만 그들이 수백 수천 년 동안 대물림해온 경험과학은 실로 놀랍다. 그렇기에 그들은 메주를 볏짚 위에 놓고, 또 짚대②로 칭칭 묶어 매달지 않았는가. 그렇다. 조상들은 지푸라기에 메주를 띄우는 무언가가 덕지덕지 묻어 있다는 것을 알고 있었다. 비록 그것이 고초균枯草菌(Bacillus subtilis)이라는 것을 몰랐을지언정 말이다. '마른 풀에서 자라는 세균'을 의미하는 고초균은 막대세균(간균桿菌)의 일종으로 서브틸리신subtilisin이란 단백질 분해 효소를 분비해 콩에 든 단백질을 아미노산으로 분해(소화)하니 이것이 메주 발효다. 물론 고초균 말고도 털곰팡이 따위의 숱한 곰팡이가 메주 띄움(발효)에 끼어든다.

이듬해 이른 봄 메주를 꺼내 지푸라기 묶은 것을 풀고, 땡볕에서 2~3일간 바싹 말려 잡균을 죽인다. 마침내 새해 3~4월경 손 없는 날③을 골라 장 담그는 날로 잡는다. 말끔히 씻은 독 안을 짚불로 그슬고는 센 햇볕이 안으로 들도록 독 아가리가 해를 바라보게 하여 볕 바른 곳에 놓아둔다. 자외선이 뭔지는 몰라도 햇볕이 세균(미생물)을 죽인다는 것쯤은 알고 계시던 더없이 슬기로운 한국의 할머니, 어머니들이시다!

알맞은 크기로 쪼갠 메주를 장독에 넣고, 미리 받아둔 맑은 소금물을 찰랑찰랑 채운다. 그리고 빨갛게 달군 참숯 서너 개를 독에 넣으니 냄새를 없애는 탈취이자 일종의 살균 소독이다. 그뿐만 아니라 붉은색이 부정不淨을 막는다고 하여 마른 홍고추 몇 개를 띄우고, 장독 언저리에 붉은 고추와 댓잎을 끼운 새끼줄로 금줄을 둘러맨다. 이렇게 햇간장을 담근 다음 그 속에 씨간장(종자장)을 심으니, 이는 집안 특유의 간장 맛이 햇간장에 대대로 전달되도록 대물림하는 것이다. 씨간장은 그 집안만의 고유한 맛이 살아 있는 오래 묵힌 간장이다.

햇볕이 강한 날에는 간장독 뚜껑을 열고 볕을 쬐어 희뿌연 골마지(곰팡이)가 피는 것을 막는다. 한두 달 이렇게 두면 메주에서 아미노산이나 유기산들이 우러나면서 간장이 흑갈색을 띠는데, 이것은 아미노산이 분해하면서 생기는 멜라닌melanin, 즉 멜라노이딘melanoidin이라는 물질 때문이다.

된장, 간장 담그기

❶ 동짓달 말날(음력 11월 십이지 중 오午가 들어간 날, 오일)을
받아 메주를 만들기 시작한다. 8시간 정도 불린 대두를 솥에 넣고
4시간 정도 푹 삶는다. 이후 2시간 동안 뜸 들여 잘 익힌다.

❷ 삶은 콩을 체에 밭쳐 물기를 뺀 다음 절구로 빻는다.

❸ 메주 틀에 넣거나 손으로 형태를 잡아 메주를 만든다. 볏짚을
요 삼아 깔아두고 메주를 올려 하루 동안 고루 말리며 굳힌다.

❹ 볏짚 가닥으로 엮어 온돌방 발효실(공기가 통하고 따뜻한
곳)에서 한 달 정도 메주를 발효시킨다. 메주 겉면에 곰팡이가 잘
피어나되 속이 검게 썩지 않을 때까지만 띄운다.

❺ 메주 겉면에 붙은 곰팡이를 물에 씻어내 잘 말린 후 깨끗한
항아리에 메주를 넣고 소금물과 고추, 숯, 말린 대추 등을 넣는다.
45~60일 정도 항아리에서 숙성한다.

메줏덩어리만 건져 으깨서 항아리에 담아 발효시키면 그해 양력
9~10월 중 된장으로 즐길 수 있다. 메주가 우러난 장물은 체로
거른 뒤 솥에서 달인 간장과 달이지 않은 청장으로 만든다.

* 전통 장 명인 기순도 님의 장 담그는 법을 따름.

밥은 가마솥에 지어야 제맛이 나듯
메주콩도 가마솥에서 삶아야 제대로
맛이 난다. '메주콩' '노란콩'이라 부르는
대두를 가마솥에 푹 삶아내는 일이 된장
만들기의 시작이다.

시간이 만든 된장 맛

이제 본격적으로 된장 이야기를 할 차례다. 간장을 담그고 나서 50~60일쯤 지나 간장독에서 된장 덩어리를 건져낸다. 간장 뜨는 날이 곧 된장 담그는 날이기도 하다. 된장은 간장과 함께 예부터 한국의 붙박이 조미료로서 음식의 간을 맞추고 맛을 냈다. 한국인에게 된장은 필수 조미료일뿐더러 그것 없이는 못 살 정도로 인이 박인 밥도둑이다. 글을 쓰는 지금도 된장찌개 생각만으로 입안에 군침이 그득 돈다.

으레 된장 담글 항아리는 간장독 못지않게 깨끗이 씻어서 햇볕에 바싹 말린 다음 밑바닥에 소금을 좀 뿌려놓는다. 간장독에서 들어낸 된장 덩이는 쳇다리④에 걸친 어레미⑤에 올려놓아 장물을 뺀다. 그러고 나서 녹진하고 질척한 된장을 소독한 된장 항아리에 옮겨 담아 치댄 다음 다독다독 누른다. 거기에 웃소금을 덧뿌리고, 된장 항아리 아가리를 성기게 짠 망사로 둘러맨 다음 단지 뚜껑을 덮어둔다. 물론 이때 쓰는 소금은 소금 자루를 그늘에 오래 두어 쓴맛 나는 간수를 뺀 것이다. 역시 맑은 날에는 겨를이 있을 때마다 간장독처럼 된장 항아리 뚜껑을 열어 볕을 쬐면서 한 달 남짓 잘 익히면 된장 특유의 맛이 난다.

장독이나 된장 항아리를 망사로 싸는 것은 파리 애벌레인 구더기가 생기는 것을 막기 위해서다. "구더기 무서워 장 못 담글까"란 속담은 어느 정도 거리낌이 있더라도 마땅히 할 일은 해야 함을 빗댄 말이다. 나도 어릴 적에 장독 안에서 바글바글, 둥둥 떠 연신 곰작거리던 꼬리가 긴 가시(구더기)를 본 적이 있다. 독이나 항아리의 뚜껑 또는 망사가 헤벌쭉이 열려 있으면 금파리(*Lucilia caeser*)가 항아리 둘레를 서성대다가 슬쩍 간장이나 된장에 달려들어 쉬(알)를 마구 슬고, 검정볼기쉬파리(*Helicophagella melanura*)는 난태생卵胎生을 하는지라 알이 아닌 새끼(구더기)를 '딴다' '깔긴다'.

지역마다 조금씩 다르지만 된장에는 보통 된장, 메줏덩이를 소금물에 담가 숙성한 후 간장을 빼고 난 부산물인 막된장, 메줏가루·소금물을 넣고 두세 달 삭혀서 간장을 떠내지 않고 만드는 토장土醬, 빠갠 메줏덩이나 볶은 콩가루·전분·소금 등을 넣은 메주로 만드는 막장, 막장과 비슷하지만 물기가 막장보다 많은 즙장汁醬(집장), 삶은 콩에 소금을 넣지 않고 짚 위에서 2~3일 발효시킨 후 소금·파·마늘·고춧가루 등을 섞어 만드는 청국장, 메줏가루에 고춧가루·생강·소금 따위를 넣고 일주일 정도 삭힌 담북장 등이 있다.

된장을 고작 간장을 뜨고 남은 찌꺼기 정도로 여길 일이 결코 아니다.

된장은 고초균을 비롯한 다양한 곰팡이(미생물)들이 메주콩 단백질(soy protein)을 띄워 생성된 아미노산과 여러 가지 값진 영양물질을 간직한 발효식품으로 소화 흡수도 매우 잘 된다. 된장에는 암과 심장 질환을 예방하는 플라보노이드flavonoid가 많고, 비타민(비타민 B_1·B_2·C·E 등)과 무기염류(아연·나트륨·칼슘·칼륨 등), 필수아미노산, 식물성 에스트로겐(phytoestrogen)이 그득하다. 그 밖에도 베타카로틴, 당분, 식이섬유(dietary fiber), 지질, 콜레스테롤 등이 들어 있다.

요새 유행하는 영양학 용어로 프리바이오틱스prebiotics가 있다. 건강에 이로운 미생물을 통틀어 말하는 프로바이오틱스probiotics와 비슷하게 들리지만 서로 다르다. 프리바이오틱스는 위와 소장에서 소화되지 않는 식이섬유를 말하는데, 유익한 내장 세균(gut bacteria), 즉 프로바이오틱스가 그것을 먹으며 번식한다. 결론적으로 말해 된장은 프로바이오틱스의 먹잇감인 프리바이오틱스가 풍부한 식품이다.

된장에서 다섯 가지 지혜를 배운다

된장 요리의 쓰임새는 무궁무진하다. 그 쓰임쓰임을 어찌 낱낱이 다 예로 들 수 있겠는가. 된장은 삶은 나물을 무치거나 토장국(된장국)을 끓이는 데도 쓰고, 여러 반찬을 만드는 데도 넣는다. 또 보글보글 된장국과 뚝배기 된장찌개도 끓이고, 누린내(노린내)와 비린내를 없애기에 삼겹살이나 생선회를 찍어 먹기도 한다. 무엇보다 예전에 한여름 농사의 곁두리(새참)로 막걸리 농주를 한잔 마시고 나서 갓 떠낸 된장에 풋고추를 쿡 찍어 먹는 맛이 일품이었다.

예부터 된장에서 다섯 가지 지혜를 배운다고 했다. 다른 음식과 섞여도 결코 맛을 잃지 않는다는 단심丹心, 세월이 흘러도 변치 않고 오히려 더욱 깊은 맛을 낸다는 무심無心, 각종 병을 없앤다는 항심恒心, 매운맛을 부드럽게 만든다는 선심善心, 어떤 음식과도 조화를 이룰 줄 안다는 화심和心이 그것이다.

전통 장 명인
기순도가 만든
된장 요리

된장찜

어릴 적 손님이 오시면 기순도 명인의 어머니가
"얘 순도야, 된장 찌고 밥 해라" 하셨다는데, 바로 이
'된장찜'이 독특하다. 찌개의 감칠맛을 돋우려 밑 국물을
내지도 않는다. 뚝배기에 된장 한 큰술과 양파, 고추를 넣고
물을 부은 뒤 쌀 안친 밥솥 안에 이 뚝배기를 얹는다. 밥과
된장찌개가 한 솥에서 동시에 나오는데, 별 재료를 넣지
않아도 그냥 끓이는 찌개보다 깊은 맛이 난다. 간장으로
간하고 기호에 따라 들깻가루로 맛을 더해도 좋다.

우엉찌개

360년 10대 종가의 요리 비법은 바로 죽염으로 잘 담근
된장과 간장이다. 장맛만 좋으면 다른 양념 없이도
들큼하지 않은 깊은 맛을 낸다. 기순도 명인은 요리의
맛이 잘 나지 않으면 조미료 대신 간장 한 숟갈을 넣는다.
직접 죽염을 만들고, 그 죽염으로 장을 담그면서도 음식에
죽염을 넣는 일은 흔치 않다. 어슷썰기한 우엉을 물에
부글부글 끓이다 들깻가루, 간장, 마늘을 넣고 한소끔 더
끓인 우엉찌개. 별것 없어 별맛 나는 고수의 비법 찌개다.

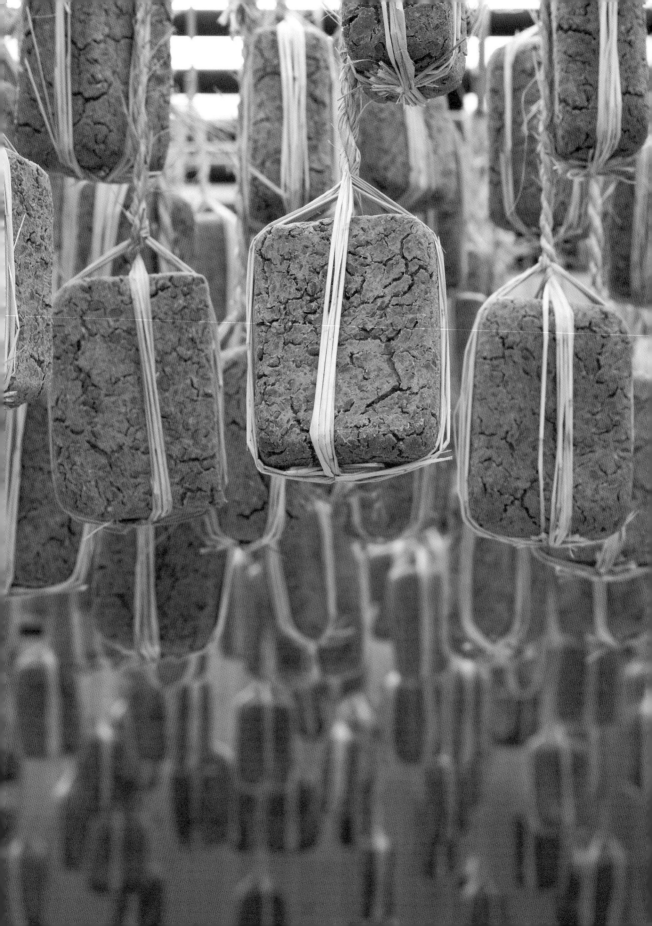

기순도

전통 장醬 명인

1년 내내 손님이 끊이지 않아 상차림이 잦고 문중 제사를 도맡아 하는 종갓집에서는 장맛을
지키는 일이 무엇보다 중요했다. 종갓집마다 1년 혹은 몇 년에 한 번씩 담근 간장 중에서 가장
좋은 진장을 조금씩 더해 대물림하는데 이를 '씨간장'이라고 한다. 씨간장은 그야말로 한 집안의
보물이다. 그 양이 많지 않아 제사나 집안의 중요한 행사에만 쓰고 집 밖으로 절대 내보내지
않는다.

전남 담양의 작은 마을에서 50년째 장을 담그고 있는 기순도 명인. 장흥 고씨 10대 종부로 살면서
370년 가까이 대대손손 내려오는 집안의 전통 장맛을 지키고 있다. 2017년 트럼프 미국 대통령이
방한했을 때 기순도 명인의 370년 된 씨간장으로 맛을 낸 음식을 대접해 화제가 되기도 했다.

기순도 명인은 해마다 동짓달인 음력 11월에 장을 담근다. 명인이 만든 장은 죽염을 사용한다는
점이 특징이다. 죽염은 담양의 명물인 왕대나무에 간수를 잘 뺀 서해안 천일염을 다져 넣고
소나무 장작불에서 3박 4일을 구워 직접 만든다. 고추장을 담글 때에도 소금 대신 죽염으로 만든
간장을 넣는다.

70세가 넘은 나이에도 한 해도 거르지 않고 옛 방식 그대로 장을 담그는 기순도 명인은 진장
분야에서 '전통식품명인 제35호'로 지정되었다.

* 대한민국 식품명인제도는 한국의 우수한 식품을 계승하고 발전시키기 위해 농림수산식품부에서 식품 제조·가공·조리
등에 뛰어난 명인을 선정하는 제도다. 전통식품명인과 일반식품명인의 두 분야로 나뉜다.

고추장은 무엇으로 단련되는가

엿기름

고춧가루

찹쌀

소금

메줏가루

엿기름

겉보리를 불려 시루에서 콩나물 기르듯 물을 주어 싹을 틔운다.
엿새쯤 후 싹이 보리알 길이만큼 자랐을 때부터 말려 가루 낸
것이 엿기름가루다. 요즘에는 시중에서 쉽게 구할 수 있다.
엿기름 속 아밀라아제는 찹쌀의 당화를 촉진해 천연의 단맛과
감칠맛을 만든다. 시골 할머니들은 '엿질금'이라 부른다.

메줏가루

예전에는 메주를 빚을 때 고추장 용도로 주먹만 한 떡메주를
따로 만들어두었다. 또는 메주를 음력 7월에 가루 내고 체로
쳐 고추장용 메줏가루를 준비했다. 이때 간장용 메주보다
덜 띄운 메주를 사용해야 나중에 고추장에서 퀴퀴한 냄새가
나지 않는다. 지금은 제품화된 메줏가루를 쉽게 구할 수 있다.
구수한 향이 나고 노란빛을 띤 것이 좋은 메줏가루다.

고춧가루

고추장용 고춧가루는 햇고추 중에서도 김장용보다 곱게 빻은
것, 씨를 모두 털어내고 빻은 것으로 써야 빛깔과 식감이 좋다.

찹쌀

찹쌀 속 전분이 가수분해되면서 고추장에 단맛을 더하는
역할을 한다. 찹쌀고두밥을 지어 다른 재료와 섞기도 하고,
불린 찹쌀을 빻아 익반죽해 만든 구멍떡을 풀어서 넣기도 한다.

소금

고추장을 담글 때는 잘 녹지 않고 쓴맛이 살짝 도는 호렴(굵고
정제되지 않은 천일염) 대신 흰 꽃소금을 주로 쓴다. 고추장
반죽이 되직하면 소금과 달인 간장을 섞어 간을 하기도 한다.

한국인의 솔 푸드, 고추장

글·정병설(서울대학교 국어국문학과 교수)

상고시대부터 있어온 것으로 추측되는 된장, 간장과 달리 고추 수입 이후에 한국인의 식생활로 들어온 고추장. 조선 시대의 고추장은 지금보다 고춧가루를 적게 쓰고 메줏가루가 주가 되어 지금의 막장과 비슷했을 것으로 보인다. 고추장의 간을 소금으로 맞추지 않고 간장으로 맞춘 것도 지금과 다른 점이다.

오랜 비행의 허기, 무료함, 공허를 달래주는 기내식을 젊은 시절에는 늘 맛있게 싹싹 비웠고 나이가 들어 입이 짧아진 다음에는 주문하면 하나씩 주는 고추장 덕으로 먹었다. 작은 튜브 치약처럼 생긴 기내용 고추장은 한국인이 한국 국적의 항공사를 이용하는 이유 가운데 하나였다. 한식에 입맛이 길든 사람이 먼 길을 가면서 밥과 김치를 가져갈 수 없다면 꼭 챙기는 것이 고추장이다. 또 고추장은 짬밥이라 부르는 군대 식사에서 감기나 더위에 입맛을 잃은 병사의 식욕을 북돋워주기도 했다. 한국인에게 고추장은 밥도 아니고 반찬도 아니지만, 늘 기본 찬의 부족함을 채워주는 해결사였다.

고추장은 한국인의 오랜 솔 푸드soul food다. 반찬 하나 없는 초라한 밥상을 마주해야 할 때도 고추장만 있으면 왠지 위로가 되었고, 입에 맞지 않는 음식을 오래 먹어야 할 때 역시 누군가 한 숟가락만 퍼주어도 감사한 마음이 들었다. 단순히 영양을 공급하고 힘을 주는 음식이 아니라, 고향과 어머니를 떠올리게 하며 마음을 위로하는 음식이다. 일반 고추장은 메줏가루와 쌀밥 또는 찹쌀밥을 고춧가루 등과 섞어서 만든다. 쌀고추장 외에도 보리고추장, 수수고추장, 약고추장 등 여러 종류가 있다. 기내식에 곁들여 나오는 약고추장은 고기를 넣고 볶은 것인데, 주로 반찬 삼아 먹는다. 일반 고추장은 찌개, 생채, 조림, 회, 비빔밥 등 한식의 양념으로서 쓰이지 않는 곳이 없다. 그런데 이렇게 한국인의 마음속 깊이 자리한 고추장이 실은 역사가 300년도 채 되지 않은 양념이라는 사실이 놀랍다.

18세기 조선 밥상에 등장한 신양념, 고추장

고추장을 언제부터 담가 먹기 시작했는지는 분명하지 않다. 다만 18세기 중반 이전으로 소급할 수 있는 확실한 증거는 찾을 수 없다. 현대에 들어와 고추장으로 유명해진 전라북도 순창에서는 조선을 세운 태조 이성계와 고추장에 얽힌 이야기가 전해 내려온다. 이성계가 왕이 되기 전 스승인 무학대사가 기거하던

순창의 만일사萬日寺를 찾아갔을 때 한 농가에 들러 고추장을 곁들인 점심을 맛있게 먹었는데, 후에 그맛을 잊지 못해 조선을 건국하고 등극한 후 궁궐로 고추장을 진상하도록 했다는 전설이다. 그러나 이 이야기는 문헌에서 찾을 수 없으며, 비석에 새겨져 있다는 말도 실제로는 확인할 수 없다. 또 임진왜란 이전 15세기 문헌인 <향약집성방鄕藥集成方> <의방유취醫方類聚> 등에 고추장의 다른 이름으로도 쓰인 '초장椒醬'이 나온다고 하여 고추장의 연원을 앞 시기로 소급하려는 견해가 있으나, 그 초장이 과연 지금의 고추장과 유사한 것인지부터 불분명하다는 점에서 이 주장은 받아들이기 어렵다. 초椒는 천초川椒, 호초胡椒, 번초番椒, 남초南椒, 당초唐椒 등 여러 가지를 가리킬 수 있고 그것을 간장 등에 넣어 먹었다고 볼 가능성이 높기 때문이다.

고추장과 관련한 최초의 확실한 문구는 <승정원일기承政院日記>①에서 확인할 수 있다. 영조는 1749년 7월 24일 처음 고추장을 언급했다. "옛날에 임금께 수라를 올릴 때 반드시 짜고 매운것을 올리는 것을 보았다. 그런데 지금 나도 천초 같은 매운것과 고초장苦椒醬을 좋아하게 되었다. 식성이 점점 어릴 때와 달라지니 이것도 소화 기능이 약해져서 그런가…." 영조는 아버지 숙종과 형 경종의 밥상에 짜고 매운 양념이 오른 것을 보았다. 그 당시의 밥상을 떠올리고는 자기도 이제 그런 나이가 되었다며 고추장을 거론한 것이다. <승정원일기>에서 1749년 이전 기록에는 고추장은 물론 고추의 직접적인 한자 표기라 할 수 있는 '고초苦椒' '고초古椒' '고초枯椒' 역시 보이지 않는다. 따라서 고추장은 18세기 조선의 밥상에 혜성처럼 등장한 신양념인 것이다.

조선 임금도, 선비도 고추장 사랑에 빠지다

이후 영조는 고추장을 사랑하게 되었고, 고추장 없는 밥을 못 먹을 정도였다. 수라의 양념을 담당한 내의원에서 연일 고추장을 올렸으나, 이 고추장은 임금의 입맛을 사로잡지 못했다. 영조는 궁중에서 만든 것보다 궁 밖에서 만든 것을 더 좋아했다. 특히 사헌부 지평 조종부趙宗溥의 집에서 담근 고추장을 좋아했다. 사실 영조는 조종부가 탕평파인 영의정 이천보의 비리를 거침없이 비판하자 그를 괘씸히 여겼다. 비리 때문에 비판한다고 보지 않고 당파심黨派心을 가지고 상대편을 공격한다고 여긴 것이다. 신하들이 당파를 내세워 자신이 세운 탕평책을 부정하는 것을 무엇보다 싫어한 영조였지만, 조종부는 미워할 수

② 인쇄술이 발달하지 않은 과거에는
일일이 베껴서 사본을 만들었다.
그 과정에서 필사자가 원래 작품을
기본으로 이야기를 첨가, 보완하기도
했는데, 원본과 내용상 차이를 두어
간행한 작품을 이본이라고 한다.

없었다. 그 집 고추장만 생각하면 도저히 미워할 수 없었던 것이다. 심지어 조종부가 죽고 5년이 지난 후 다시 그가 화제話題에 오르자 영조는 그 집 고추장부터 떠올렸다.

고추장은 18세기 중반의 다른 문헌에서는 기록을 잘 찾아볼 수 없다. 궁중에서 집필한 문헌에서도 마찬가지다. 서울대학교 규장각한국학연구원에는 <혜빈궁일기惠嬪宮日記>라는 책이 있는데, 1760년대 중반 사도세자의 부인 혜경궁 홍씨가 머문 궁궐의 공식 기록이다. 여기에는 김치와 메주 등 궁궐 내에서 필요한 음식을 준비한 내용이 나오는데, 고추나 고추장에 대한 것은 일절 보이지 않는다. 궁중 문헌에서 고추장이 보이는 다음 기록은 1795년의 <원행을묘정리의궤園幸乙卯整理儀軌>다. 그해 정조는 부모의 환갑년을 맞아 어머니 혜경궁을 모시고 아버지 무덤이 있는 수원 화성으로 대대적인 행차를 했다. 이 역사적 행사 과정을 기록한 의궤에 고추장이 등장한 것이다.

18세기 중반 고추장은 조선 전역으로 퍼져나갔다. 전라북도 고창의 선비로 서울에 와서 버슬살이를 한 황윤석의 일기를 보면 1767년 어느 날 "초장 한 그릇을 보냈다"라는 기록이 있고, 1796년 연암 박지원은 안의 현감으로 있으면서 자신이 손수 담근 "초장 한 단지를 아들에게 보냈다"라는 기록을 남겼다. 황윤석과 박지원의 기록에 나타난 '초장'은 역사적 정황으로 볼 때 고추장으로 짐작된다. 이들을 통해 고추장이 경향京鄕 각지로 퍼져나갔음을 알 수 있다. 특히 연암이 현감으로 있던 안의는 <규합총서閨閤叢書>에서 명물 고추장의 산지로 꼽은 경상남도 함양에 부속된 지역이다. 연암은 고추장 명산지에서 자신이 직접 담근 고추장을 아들에게 보낸 것이다.

고추장, 한식 대표 양념 자리를 꿰차다

초기 고추장의 제조법에 대한 기록은 숙종 어의御醫 이시필(1657~1724)이 쓴 것으로 고증된 <소문사설謏聞事說>에도 수록되어 있다. '순창고추장 만드는 법(淳昌苦椒醬造法)'이라는 항목인데, 이본異本②에 따라서는 이 항목을 싣지 않은 것도 있다. 원래 <소문사설>에서부터 이 항목이 있었는지는 분명하지 않다는 이야기다. 이 기록을 고추장에 대한 최초의 기록으로 확정할 수 없는 이유가 이것이다. 이 책에서 말하는 순창고추장 제조법은 다음과 같다. 콩 두 말을 쑤어 쌀가루 다섯 되를 섞어 곱게 찧어서 가마니에 넣어둔다. 이것을 정월이나 2

월 이레 동안 햇볕에 말린 뒤 고춧가루 여섯 되, 엿기름 한 되, 찹쌀 한 되를 가루로 만들어 진하게 쑤어 얼른 식힌 뒤 간장을 섞는다. 여기에 전복 5개를 저며 넣고, 대하와 홍합을 적당히 넣어 조각낸 생강과 함께 항아리에 담아 보름 정도 삭힌 뒤 시원한 곳에 두고 먹는다. 이런 순창고추장의 제조법은 지금 순창의 고추장은 물론 일반 고추장 제조법과 다소 차이가 있다. 메주를 만들어 쓰지 않는다는 점이 가장 큰 차이이며, 그 속에 전복과 대하 등 어패류를 넣어 삭혀서 먹는다는 것도 다른 점이다. 이 순창고추장은 지금의 장아찌와 비슷한 음식이다.

<소문사설>에 수록된 순창고추장이 순창에서 만든 것인지, 순창에서 유래한 고추장인지, 또 다른 어떤 것인지 분명하지 않다. 18세기 당시 순창이 고추장 특산지라는 기록은 찾아볼 수 없으며, 현재 순창의 고추장이 다른 지역과 제조법이 특별히 다르지 않다는 것은 이미 1986년의 현지 조사에서 확인한 바 있다. 순창과 고추장과의 연관은 조종부의 본관이 순창이라는 점뿐이다. 단언하기는 어렵지만 순창이 본관인 서울 사람 조종부 집의 고추장이 순창고추장으로 널리 알려졌을 가능성이 있다.

영조는 "송이, 생전복, 새끼 꿩, 고추장은 네 가지 별미라, 이것들 덕분에 잘 먹었다. 이로써 보면 아직 내 입맛이 완전히 늙지는 않았나 보다"(<승정원일기>, 1768년 7월 28일)라고 말한 바 있다. 이 고추장 또한 양념이라기보다는 앞의 순창고추장처럼 반찬거리로 보인다. 18세기 중엽 이후 조선은 고추장의 매운맛과 감칠맛에 중독되어갔다. 고추를 고추장에 찍어 먹는 일이 다반사가 될 정도로 한국을 대표하는 양념으로 자리 잡았다.

재료 준비

① ② ③ ④ ⑤ ⑥ ⑦

고추장 담그기

❶~❸ 고추장 메주를 음력 7월에 발효시켜
가루로 만드는 것이 시작이다. 고추장 담그기
2~3일 전에 찹쌀로 지은 고두밥에 고추장용
메줏가루와 죽염을 이용해 담근 간장을 넣고 삭혀
고추장 발효죽을 만든다.

❹~❻ 고추장 발효죽에 고춧가루를 먼저 넣고
잘 섞은 다음 쌀 조청을 넣어 버무린다.
❼ 옹기에 담아 양지에서 6개월 이상 숙성한다.

* 전통 장 명인 기순도 님의 장 담그는 법을 따름.

57

한·중·일의 장맛

글 · 정혜경(호서대학교 식품영양학과 교수)

한국의 청국장은 삶은 콩을 이틀간 저온 발효해 띄운다. 흰 실이 죽죽 늘어나면 제대로 발효가 된 것이다. 충북 보은 속리산 산자락에서 '기능성 장'을 만드는 '고시랑 장독대'의 청국장.

콩은 원산지가 한국, 정확히 말하면 만주 지역이다. 중국의 문헌 기록을 살펴보면 <시경詩經>에서 처음으로 콩에 대해서 언급하는데, 콩을 만주 지역에서 수입한 것으로 기록하고 있다. 한국인은 이 콩을 가지고 여러 가지 변형 음식을 만들어냈다. 그중 가장 위대한 발명품이 바로 장이다.

콩으로 만든 장은 한국인의 발명품이다. 중국에서 '장'이란 글자는 고대 주나라의 이야기를 적은 <주례周禮>에 처음 나온다. 이는 고기를 말려 가루로 만들고 이것을 술에 넣은 다음 누룩이나 소금을 넣어 만드는 육장肉醬을 뜻했다. 이것을 해醢나 혜醯라고 불렀다. 그에 비해 한국의 장은 콩으로 만든 것이다. 한·중·일의 장이 어떻게 다른지 먼저 살펴보자.

한·중·일 초기의 장맛은 어땠을까?

중국의 장은 콩으로 메주를 쑤어 담그는 한국의 장과는 꽤 많이 달랐다. 중국의 고서 <주례>에 나오는 장은 콩장이 아닌 고기를 이용한 육장, 즉 젓갈과 비슷했다. 중국의 농업 종합서 <제민요술齊民要術>(530~550)에는 장의 종류, 제조와 숙성 방법이 비교적 상세히 쓰여 있다.

반면 한국인은 중국인이 생각하지 못한 재료인 콩으로 장 담그기를 시도해 새로운 형태의 장을 만들어냈다. 메주를 쑤어 장을 담그기 시작한 시기에 대해서는 중국과 한국의 문헌을 보면 추측이 가능하다. <삼국지三國志> '위지 동이전'에 '고구려인이 장 담그고 술 빚는 솜씨가 훌륭하다'는 뜻의 "고구려 선장양善藏釀"이라는 구절이 나오는 것으로 보아 장이나 술 등의 발효 식품을 만드는 솜씨가 당시 이미 중국에까지 알려졌음을 알 수 있다. 물론 이것이 어떤 종류의 발효 식품인지 분명하지는 않다. 고구려 안악 고분벽화에는 발효 식품을 갈무리하는 듯한 우물가의 풍경이 보이고 독도 보여 이를 김치나 장 담그기와 연결해 설명하기도 한다. 부족국가 시대의 무문토기 유적지나 안악 고분벽화에 발효 식품을 담은 것 같은 독이 나오는 것을 보면 부족국가 시대 말기나 삼국시대 초기부터는 메주를 쑤어 장을 담근 것으로 보인다. 초기의 된장은 간장이 섞인 것 같은 걸쭉한 장이었다가 이후에 메주를 쑤어 된장을 담그고, 맑은 장을 만드는 등의 방식으로 발전했다. 이처럼 옛 고구려 땅에서 발생한 두장豆醬이 중국과 일본에 전파되어 동북아 삼국이 세계 조미료 분포상 매우 독특한 두장 문화를 형성했다고 볼 수 있다.

메주는 한국이 원산지

중국의 경우 메주를 뜻하는 '시豉'라는 글자는 한나라 시대 이후의 문헌부터 나타난다. 한나라 시대의 무덤인 마왕퇴馬王堆에서 메주의 실물이 나왔다는 주장도 있지만 학자들은 이것을 메주라기보다 콩으로 추정한다. <설문해자說文解字>라는 한나라 문헌에서는 '시'라는 글자를 "콩을 어두운 곳에서 발효시켜 소금을 섞은 것"이라고 풀이한다. 이것은 중국에서도 콩으로 만든 메주의 실체를 알았던 증거로 생각된다. 그런데 후대의 문헌에서는 시가 외국에서 들어온 것이라고 이야기한다. 가령 진나라의 장화張華가 쓴 <박물지博物志>에 보면 시는 외국에서 들어온 것이라는 식의 언급이 있다.

조선 후기의 역사책 <해동역사海東繹史>에서는 "고구려 유민들이 세운 나라인 발해의 명산물"이라고 시에 대해 기록한다. <설문해자>에서는 또 "시는 배염유숙配鹽幽菽이다"라고 했다. '배염유숙'에서 '염鹽'은 소금이고, '숙菽'은 콩이고, '유幽'는 어둠을 뜻하니 콩을 어두운 곳에서 발효시켜 소금을 섞은 것을 의미한다. 이것을 다시 건조해 메줏덩이같이 만든 것이 이른바 함시鹹豉다. 시에는 소금을 넣지 않은 담시淡豉도 있다.

이처럼 문헌을 통해 중국에서는 고구려 시대부터 한민족이 시를 잘 만드는 민족임을 인정했다는 것을 알 수 있다. 그러면 고구려에서 건너간 배염유숙을 중국 사람들은 왜 시라고 했을까? 이는 중국 제나라에서 배염유숙을 맛이 좋아 즐긴다는 의미로, 嗜(즐길 기)와 음이 같은 豉(메주 시)로 부른 것에서 유래한 것으로 추측할 수 있다.

메주를 만들고 장을 담그는 법은 중국에도 전해져 <제민요술>이라는 책에 이 방법이 자세하게 실려 있다. 이 책은 6세기 중반 북위北魏의 가사협賈思勰이라는 사람이 쓴 저술이다. 여기에서 메주 만드는 법을 써놓은 것을 보면 지금과 별반 다르지 않다. 그런데 장에 대한 설명은 조금 다르다. 이 책에서 말하는 콩장(豆醬)은 한국의 것과는 다른 모습이다. 한국은 콩만으로 만드는 것에 비해 중국에서는 밀로 만든 누룩을 섞어 발효시키는 게 다르다. 중국에서는 밀이 많이 생산되고 밀을 넣으면 단맛이 나기 때문에 섞은 것으로 생각된다. 한국의 장을 가져가서 중국식으로 응용했다고 볼 수 있을지 모르겠다. 이 책에 한국 계통의 음식인 콩장이 실린 것은 이 책을 쓴 가사협이 북위라는 동이 문화권 출신인 데에서 그 원인을 찾을 수 있다. 북위를 세운 선비족은 중국보다는 한국 쪽에 더 가깝다고 볼 수 있다.

비슷한 시대에 한국의 상황은 어땠을까? 통일신라 초기의 신문왕이 부인이 될 사람의 집에 보낸 예물에는 '장'과 '시'가 동시에 포함되어 있었다. 이 식품들이 정확히 무엇을 뜻하는지는 잘 모른다. 그러나 이 말이 일본에 전해져 사용된 것을 보면 그 정체를 조금은 알 수 있다. 일본에서는 된장을 '미소'라고 한다. 바로 그 미소라는 말의 기원이 한국어에 있다는 설이 유력하다.

일본 된장 '미소'는 본래 한국어

중국과 일본, 한국은 비슷한 음식 문화와 전통을 간직하고 있다. 많은 음식 문화가 그렇듯이 장 문화 역시 한국에서 일본으로 건너간 것으로 추측된다. 739년에 나온 일본의 <정창원문서正倉院文書>에는 '말장末醬'이란 단어가 나오는데, 일본인은 이를 '미소'라고 읽는다. 아라이 하쿠세키(新井白石)라는 일본 학자에 의하면 "고려의 말장이란 단어가 일본에 들어왔을 때 우리 방언 그대로 미소라고 부르게 되었다"라고 한다. 또 "고려장高麗醬이라 적어놓고 미소라 읽는다"라고 했다. 이와 같이 일본 학자도 일본의 장, 즉 미소가 고려에서 도입된 것이라고 말한다. 일본의 고서 <포주비용왜명본초庖廚備用倭名本草>(1671)에서는 고려장을 미소라고 하면서 한자도 아예 음이 같은 '美蘇'로 적고 있다. 이런 여러 가지 정황으로 볼 때 고려의 장 문화가 일본에 전파된 것으로 보인다. 일본 음식점에서 회나 초밥을 먹을 때마다 나오는 '미소 시루'라는 된장국이 고려로부터 유래된 것이다. 일본 사람들이 전 세계에 자랑하는 음식인 미소의 기원이 바로 한국에 있었다.

미소 시루 맛은 한국의 된장국과 조금 다르다. 일본 된장은 콩을 쪄서 거기다 쌀누룩을 섞어 만들기 때문이다. 하지만 지금도 일본의 일부 산간지대에서는 한국식대로 콩만으로 메주를 만드는 곳이 있다고 한다.

　　살펴본 것처럼 장醬, 시豉, 말장末醬, 세 가지가 모두 한국의 영향을 받아 정립되었다. 일본의 요즘 된장은 콩과 쌀누룩으로 만들지만 본래는 콩만 삶아 찧어서 떡처럼 만든 다음 곰팡이가 번식하면 건조해 메줏덩이를 얻고, 이것을 빻아서 소금과 함께 통에 채워 숙성시켜 만들었다고 한다. 즉 한국의 메주 만들기가 그대로 일본으로 전해진 것이다. 처음에는 일본도 콩으로 만드는 말장에서 출발했다가 나름대로 연구를 하며 콩에 쌀누룩과 소금을 섞어 숙성시키는 이른바 '왜된장'을 만들었고, 이것이 오늘날의 미소가 된 것으로 보인다.

일본의 낫토

그럼, 세계적인 건강식으로 알려진 일본의 낫토는 무엇일까? 기본적으로 낫토는 대두를 삶아 발효, 숙성시킨 대두 발효 식품이다. 한국의 장류 중 청국장과 비슷한 것이 바로 일본의 낫토다. 낫토는 삶은 콩에 고초균 중에서도 낫토균(일본 정부가 허가한 균)만 인위적으로 주입하고 다른 균이 침입하지 못하도록 밀봉 후 발효시킨다. 이와 달리 청국장은 삶은 콩에 볏짚을 넣거나 따뜻한 곳에 두어 자연 발효시키기 때문에 볏짚이나 공기 중의 다양한 고초균의 영향을 받는다.

　　낫토는 크게 진액이 실처럼 끈적하게 늘어나는 이토히키 낫토와 끈적임이 적은 시오카라 낫토 두 가지로 나뉜다. 이토히키 낫토의 기원에 대해서는 명확히 알려져 있지 않으나, 야요이 시대(弥生時代, 기원전 3세기~기원후 3세기) 때 삶은 콩을 집 안에 둔 것이 자연스럽게 발효되면서 이것을 먹기 시작했다는 설이 있다. 혈전 용해와 예방에 효능이 있고, 혈압 강하와 항암 작용을 하며, 골다공증 예방 효과까지 인정되어 새로운 영양 음식으로 부각되고 있다.

한국의 청국장

일본의 낫토와 유사한 장이 바로 청국장이다. 청국장은 된장의 일종이긴 하지만 여섯 달 이상 걸려야 먹을 수 있는 된장과 달리 만든 지 2~3일이면 금방 먹을 수 있다. 콩을 그대로 발효시켜 먹는 만큼 먹기 편하며 영양도 좋다.

　　재래 된장은 만드는 데 시간이 오래 걸리고 간도 다소 강하다 보니 때로는 속성 된장을 따로 담가 먹기도 했다. 이렇게 담가서 바로 먹을 수 있는 장으로는

담북장, 통퉁장, 막장 등이 있는데, 모두 청국장과 유사하다.

청국장은 누룩곰팡이가 주 발효균으로 콩과 볏짚에 붙어 있는 고초균으로 발효시킨다. 청국장을 만들 때는 먼저 콩을 불려 삶은 뒤 소쿠리나 나무 상자에 옮겨 담아 발효시키는데, 이때 반드시 짚을 깔아야 청국장이 잘 뜬다. 다 뜬 다음에는 소금, 마늘, 생강, 굵은 고춧가루를 넣고 콩이 드문드문 남아 있을 정도로 절구에 살짝 찧으면 청국장이 쉽게 완성된다. 청국장은 남쪽 지방에서 특히 많이 만들어 먹는데 추운 겨울에 김장 김치를 넣고 구수하게 끓인 청국장찌개는 별미다. 대개 메주 쑬 때 삶은 콩을 조금 덜어서 만들기도 하고, 일부러 콩을 삶아서 만들기도 한다.

다양함이라면 역시 중국 장

진나라이전 중국의 장은 서민 음식이 아닌 왕실 음식이었다. 왕의 식사에서 중요한 자리를 차지한 것은 물론, 공자는 적당한 장이 없으면 식사를 하지 않을 정도였다고 한다. 한나라이전에는 채소와 고기를 절여서 만든 육장이 있었으며, 한나라 이후부터 곡물장과 어장이 분리되었다. 곡물장은 다시 콩 발효장과 밀 발효장으로 나뉘었다. 당나라 때에 이르러서야 장 제조법이 민간에 전해졌다.

중국의 장은 지역에 따라 종류가 매우 다양하다. 중국 동북부 지역인 산둥성에서는 한국과 마찬가지로 콩을 발효시켜 만든 장을 많이 쓴다. 음력 2월에 콩을 삶아 메주를 만들고, 4월이면 장독에 장을 담그는데, 이를 '재장' 혹은 '황두장'이라고 부른다. 반면 베이징에서는 삶은 콩을 밀가루와 버무린 후 메주를 따로 빚지 않고 그대로 펼쳐서 발효시킨다. 콩 발효장인 두시豆豉와 비슷한 형태라고 볼 수도 있다. 밀가루 전분에서 당 성분이 발생해 단맛이 나며 이런 장을 첨면장添麵醬이라고 부른다.

현재 중국의 장 종류는 매우 다양하다. 보통 발효장으로 황두장이나 두반장이 유명하고 육장, 어장, 새우장, 게장, 부추장 등 수많은 장이 존재한다. 한국에도 잘 알려진 두반장은 "쓰촨 요리의 솔 푸드"라고 불릴 정도 쓰촨 요리에 많이 사용된다. 두반장은 고추, 잠두콩, 소금을 넣어 발효시켜 만들며 마파두부나 탄탄면 같은 요리에 꼭 필요하다.

두장 문화는 계속된다

옛 고구려 땅에서 발생한 두장 문화가 중국과 일본에 전파되어 마침내 한·중·일, 삼국이 세계의 조미료 분포상 하나의 두장 문화권을 형성했다. 대두 문화는 이렇듯 동북아시아 지역에서 싹튼 것이라 말할 수 있다.

요즘 흔히 볼 수 있는 시판 간장 중에는 콩에 밀을 섞어서 만든 간장 메주를 소금물에 풀어 숙성시킨 것이 많다. 밀을 섞는 방법은 고서의 기록에도 나온다. <구황보유방救荒補遺方>(1660)에서는 "콩 한 말을 무르게 삶아내 밀 다섯 되를 붓고 찧어서 이들을 서로 섞고 온돌에 펴 띄운다. 누른 곰팡이(황의黃衣)가 전면적으로 피면 볕에 내어 말린다. 이와 같이 하여 얻은 메주를, 따뜻한 물에 소금 여섯 되를 푼 소금물에 넣고 양지 바른 곳에 두어 자주 휘저으며 숙성시킨다"라고 했다. 현재 시판하는 간장이 이와 비슷한 방법으로 만드는 것이다.

어쨌든 콩에 밀이나 쌀을 섞은 단용單用 간장이나 된장 만들기는 일본만의 독자적인 것이 아니다. 원나라의 <거가필용居家必用>이란 책에도 나와 있고, 한국에도 조선 시대 중엽부터 있었다. 그러다가 언제부터인지 한국에서는 이런 장이 모습을 감추었고 현재는 고추장, 즙장, 청국장 등 여러 가지 독특한 장을 즐기게 되었다. 이렇게 옛 고구려 땅에서 발생한 동북아시아권의 두장 문화는 이제 각자의 땅에서 각자의 기호에 맞게 계속 발전하며 진화하고 있다.

무문토기 유적지나 안악 고분벽화를 보면 부족국가 시대 말기나 삼국시대 초기부터 메주를 쑤어 장을 담근 것으로 보인다. 초기 된장은 간장이 섞인 것 같은 장이었다가 이후에 메주를 쑤어 장을 담그고, 맑은 장을 만드는 등으로 발전했다. 이처럼 고구려에서 발생한 두장豆醬이 중국과 일본에 전파되어 세계 조미료 분포상 독특한 두장 문화를 형성했다.

서분례

청국장 명인

경기도 안성에서 30년째 서일농원을 꾸리고 있는 서분례 명인은 한국의 유일한 청국장 명인이다(대한민국 전통식품명인 제62호). 청국장 하면 특유의 강렬한 냄새를 떠올리는데 명인이 만드는 청국장에서는 구수한 냄새가 감돈다. 그 비법은 온도와 습도를 일정하게 유지한 곳에서 청국장을 띄우는 데에 있다. 예전에는 집집마다 방 아랫목에서 청국장을 띄웠다. 방에 사람들이 드나들다 보면 온도와 습도 차가 나면서 건강하지 못한 균들이 죽게 되는데 그러면서 쿰쿰한 냄새가 나는 것이다. 명인은 오랜 시간의 연구와 수많은 시행착오를 통해 유익한 균이 건강하게 살아 있는, 냄새 나지 않는 청국장을 만들었다. 청국장을 만들 때 가장 신경 쓰는 것은 콩이다. 명인은 경기도 파주 장단 지역에서 재배하는 한국 토종 콩인 장단콩만 사용한다. 잘 영근 콩을 골라 제대로 삶는 일도 아주 중요하다. 큰 가마솥에 농원에서 길어 올린 암반수와 콩을 넣고 2시간 30분간 푹 삶은 다음 3시간 30분간 뜸을 들여 소쿠리에 펼쳐 담는다. 이때 삶은 콩 사이에 깔끔하게 묶은 짚 3~4개를 넣어 균이 잘 피도록 도와준다. 삶은 콩을 담은 소쿠리는 수분 조절 능력이 뛰어난 편백나무로 마감한 발효실로 옮겨 3일간 발효시킨다. 삶은 콩 위에는 명인이 직접 만든 면포와 면이불, 솜이불을 차례로 덮는데 이는 수분을 흡수시키고 바람을 잘 통하게 해서 온도와 습도를 맞추기 위함이다. 3일간 발효시킨 콩(이 상태를 생청국장이라고 한다)에 천일염과 고춧가루 등을 넣고 버무린 다음 절구에 찧어 냉장고에서 30일간 숙성하면 명인의 청국장이 완성된다.

'참발효어워즈' 받은 한국 대표 장

왼쪽부터

- 대숲맑은 우리콩된장秀. 유기농 콩을 참나무 장작불에 삶아 메주를 만들어 18개월 이상 발효·숙성한다. 061-381-0534
- 푸른콩방주영농조합법인의 방주 제주 푸른콩된장. 제주 토종 종자인 푸른콩으로 메주를 만들어 화산송이 발효실과 옹기에서 12개월 이상 숙성한다. www.greensoy.co.kr
- 고로쇠간장은 전남 구례의 좋은 물로 담가 해발 600m 청정 지리산국립공원에서 1년 6개월 숙성한다. 061-782-3468
- 전남 보성군의 전통 항아리에서 3년 동안 숙성한 메주익는마을 된장. 061-853-5896
- 쌀조청을 넣고 옹기에서 8개월 이상 숙성한 솔뫼 찹쌀고추장. 043-833-8840
- 백이동골 이로운 국간장은 20년 묵은 씨간장과 메주를 섞어 전통 항아리에서 3년 이상 숙성한다. www.102dongol.co.kr

왼쪽부터

- 유기농 볏짚을 깐 황토방에서 띄운 메주를 1년 이상 숙성하는 솔뫼 전통된장.
  043-833-8840
- 충북 보은의 쑥티마을에서 동네 어른들이 기른 재료만 사용해 옛 방식 그대로 담근
  아미산쑥티고추장. 043-542-2475
- 기장 생멸치로 담근 멸치액젓에 파주 장단콩을 쪄서 만든 메주를 넣고 24개월 이상 발효한
  구본일발효 어간장. 031-959-0879
- 강원도 춘천의 소양강 청정 지역에서 전통 방식으로 만든 콩이랑상걸리전통장 고추장.
  033-243-8955
- 경북 울진의 금강송 숲 청정 지역에서 1년 6개월 이상 숙성한 방주명가의 방주품된장.
  bang-ju.com
- 충남 홍성 지역의 콩으로 메주를 만들어 5개월 이상 발효하는 홍주 더덕도라지장.
  더덕을 넣어 들큼한 맛이 일품이다. 041-634-1479

*참발효어워즈는 한국산 재료로 맛있고 안전한 발효 식품을 생산하는 생산자와 시민이 함께 만들어가는
한국 유일의 발효 식품 전문 어워즈다. 취재 협조·슬로푸드문화원 070-5129-2574, www.GFFA.kr

장으로
만든
한식 소스

왼쪽부터

- 홍게와 멸치 숙성액을 넣고 전통 방식대로 1년 이상 숙성한 햇살담은 어간장. 청정원.
  www.jungoneshop.com
- 우렁이와 쇠고기로 감칠맛을 살린 찬마루 우렁강된장 비법양념. 풀무원.
  www.pulmuoneshop.co.kr
- 간장의 맛 성분이 그대로 담긴 토장으로 만들어 맛이 깊은 토장찌개 양념. 샘표.
  www.sempio.com/market
- 고추장에 사과, 배 등을 넣어 칼칼하면서 감칠맛이 일품인 닭볶음탕 양념. CJ백설.
  www.cjthemarket.com

왼쪽부터

- 손으로 다진 한우를 넣고 볶은 고추장, 소보꼬, 특별한맛주식회사, www.byulmi.co.kr
- 된장찌개 끓일 때 넣거나 쌈장으로 바로 먹을 수 있는 바로끄, 특별한맛주식회사.
- 3년 숙성한 된장에 고추장, 마늘, 대파, 참깨를 더한 쌈장. 상하농원. www.sanghafarm.co.kr
- 간장을 기본으로 하는 달콤한 소갈비 양념. 오뚜기. www.ottogimall.co.kr
- 고추장에 광양 매실 농축액으로 맛을 낸 순창 초고추장. 청정원.

속담으로 읽는 콩 이야기

글 · 한성우(인하대학교 한국어문학과 교수)

한국의 장은 모두 콩으로 만든다. 한국어 속 콩 이야기를 들여다보면 콩에 대한 한국인의 생각을 읽을 수 있다. 먼저, 콩은 콩이다. 세종대왕 시절부터 지금까지 늘 콩이었고 한반도 방방곡곡의 방언에서도 모두 콩이다. 이렇듯 시대와 지역을 초월해 항상 같은 말로 부르는 것으로는 쌀도 있는데, 이를 통해 콩이 쌀만큼의 지위를 차지했다는 것을 알 수 있다. 쌀이 귀하던 시절에는 쌀을 아낄 요량으로 섞어 먹는 잡곡 정도로 취급받기도 했지만 요즘은 건강식으로서 오히려 쌀보다 귀한 대접을 받는다. 이런 대접은 한국어에서도 마찬가지여서 쌀과 보리가 등장하는 속담이나 관용구가 각각 5개와 6개인 데 비해 콩은 20개나 되니, 한국어 속에 콩이 얼마나 자주 등장하는지 가늠이 된다. 그 속에 담긴 뜻 또한 재미가 있어서 콩 볶듯 고소한 냄새가 난다.

숙맥불변菽麥不辨, '콩인지 보리인지 분간하지 못한다'는 뜻으로 어리석은 사람을 이르는 말이다. 콩과 보리를 구별하지 못한다고? 콩과 보리는 모양과 색뿐만 아니라 여러 가지 면에서 확연히 구별되니 정말 바보가 아니라면 이런 말을 쓸 수가 없다. 앞의 두 자만 취한 '숙맥'은 요즘도 한국인의 일상에서 많이 쓰는 말이다. 뜻도 약간 변해서 사리분별을 못하는 바보를 뜻하기보다는 사람이나 일을 대하는 태도가 야무지지 못하고 어수룩한 데가 있는 사람을 의미한다. 콩이 워낙 친숙하다 보니 이런 단어도 생겨난 것인데, 숙맥이 콩과 보리를 뜻하는 한자어에서 왔다는 사실을 모르는 사람은 진짜 숙맥인 것이다.

콩 심은 데 콩 나고, 팥 심은 데 팥 난다

오히려 콩과 헷갈릴 만한 것은 팥이다. 콩의 색은 다양하니 붉은색 콩도 있을 법하고, 팥의 한자어가 적두赤豆인 것처럼 팥도 사실 콩이다. 그런데 유독 이 붉은 콩만은 고유한 이름이 따로 있을 정도로 특별 대접을 받는다. 선명한 붉은색 때문이기도 하지만 달콤하고, 고소하고, 부드러운 맛 덕분이기도 하다. 반죽 속에 소를 넣어서 굽는 일이 없던 빵이 동양에 전해져 팥소가 들어간 단팥빵으로 변신을 거듭한 것은 결국 팥의 위력이기도 하다.

그런데 묘하게도 한국어 속담 속에서 콩과 팥은 팽팽한 긴장 관계를 형성한다. "콩 심은 데 콩 나고, 팥 심은 데 팥 난다"는 것은 당연한 사실인데 속담은 이를 굳이 강조한다. 들인 노력만큼 거두는 것이 농사지만 그에 앞서 심은 데로 거두는 것이 기본임을 다시 한번 강조하는 것이다. 그런데 "팥으로 메주를 쑨대도 곧이 듣는다"라고 하는 것은 좀 심하다. 지금껏 팥으로 쑨 메주를 본 기억이 없는 것을 보면 확실히 팥으로는 메주를 쑬 수 없는 것이리라. 이 속담은 어떤 말이든 무조건 곧이곧대로 믿는 사람을 일컫는다. 경계심이 많아 '콩으로 메주를 쑨대도 믿지 않는' 의심 많은 사람에 반하는 말이다.

남의 일에 끼어들어 참견하고 말싸움하기 좋아하는 사람들에게도 콩과 팥은 경계의 말을 남긴다. "콩이야 팥이야 한다"와 "콩 심어라 팥 심어라 한다"는 모두 그냥 내버려두면 알아서 할 일에 굳이 끼어들어서 하나 마나 한 소리를 일삼는 사람들에게 하는 충고의 말이다. 그런데 달리 보면 이웃집의 숟가락 개수까지도 안다는 옛날 사람들이 살던 삶의 모습이기도 하다. 관심이 없으면 끼어들지도 않고 쳐다보지도 않는다. 이웃이 팥을 심고 콩이 나기를 기다린다 해도 아예 관심조차 기울이지 않는 오늘날의 모습보다는 나을 수도 있다.

콩 반 알도 남의 몫 지어 있다
콩 볶아 먹다가 가마솥 깨뜨린다

팥과 경쟁을 하고 나면 속담은 오로지 콩의 세상이다. 콩이 등장할 때 늘 함께 나오는 동사가 바로 '볶다'이다. 총소리를 흉내 낼 때도 "콩 볶는 소리"라고 한다. 총소리야 들어서 좋을 일이 별로 없지만 콩 볶는 소리는 모두 반가운 소리다. "콩 볶아 재미 낸다"는 요즘 사람들로서는 잘 이해가 안 될 법하다. 콩을 볶은 뒤 가루를 내면 여러 용도로 쓸 수 있겠지만 역시 최고는 고소한 인절미다. 명절날이나 잔칫날이 돼야 떡을 빚으니 콩 볶는 소리는 인절미를 비롯한 풍성한 먹거리를 예고하는 소리다. 깨소금 볶는 소리에서도 고소함이 느껴지지만 콩 볶는 소리에 비할바가 아니다.

그러나 '콩고물'로 넘어가면 그 뜻이 조금 달라진다. 차진 떡에 고물을 입히면 그 맛이 배가되는데 고물의 대표는 역시 콩고물이다. 노란색·붉은색·흰색 콩고물 모두 대두, 팥, 녹두로 만드니 떡과 콩고물은 떼려야 뗄 수 없다. 그런데 떡의 맛을 더해주는 콩고물이 어느 순간부터는 사사로이 바라는 이득, 더 나아가서 뇌물의 뜻으로 쓰이기 시작했다. 남의 일을 도와주면서 얻어낼 이득을 먼저 생각하면 콩고물을 바라는 것이요, 그보다 더 큰 대가를 원하면 콩고물을 넘어 '떡값'을 요구하는 것이 된다.

요즘 세상에 콩고물 좋아하다가는 자신과 가정이 '콩가루'가 되는 신세를 면하기 어렵다. 고소하기 이를 데 없지만 잘 뭉쳐지지 않는 것의 대명사가 바로 콩가루다. 콩고물을 너무 밝히다 보면 고소함은 어느새 사라지고 산산이 흩어진 가루만 남는다. "콩 반 알도 남의 몫 지어 있다"라는 속담을 생각해볼 일이다. "콩 볶아 먹다가 가마솥 깨뜨린다"라는 속담은 콩 볶는 고소한 소리를 한없이 좋는 행태의 종말을 알리는 것이기도 하다.

발효 음식의 일등 공신,
소금

글·박채린(세계김치연구소 책임연구원)

전남 신안군의 태평염전 근처 해송 숲에서 날아온 송홧가루가 섞인 소금은 남주기 아까울 만큼 귀하다. 큰 그릇에 담긴 것은 3년간 간수를 뺀 천일염, 작은 그릇에 담긴 것은 같은 해에 만들어 간수를 뺀 토판염이다. 토판염은 천일염에 비해 거무스름한 색을 띠는데 맛은 더 달다.

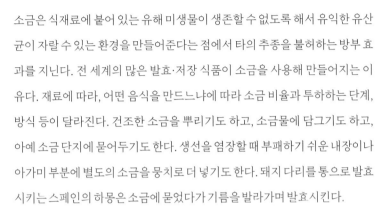

소금은 식재료에 붙어 있는 유해 미생물이 생존할 수 없도록 해서 유익한 유산균이 자랄 수 있는 환경을 만들어준다는 점에서 타의 추종을 불허하는 방부 효과를 지닌다. 전 세계의 많은 발효·저장 식품이 소금을 사용해 만들어지는 이유다. 재료에 따라, 어떤 음식을 만드느냐에 따라 소금 비율과 투하하는 단계, 방식 등이 달라진다. 건조한 소금을 뿌리기도 하고, 소금물에 담그기도 하고, 아예 소금 단지에 묻어두기도 한다. 생선을 염장할 때 부패하기 쉬운 내장이나 아가미 부분에 별도의 소금을 뭉치로 더 넣기도 한다. 돼지 다리를 통으로 발효시키는 스페인의 하몽은 소금에 묻었다가 기름을 발라가며 발효시킨다.

한국의 김치는 소금을 활용하는 발효 저장법 중에서도 그 방식이 독특하다. 김치 만드는 법을 살펴볼까? 먼저 배추를 소금에 절여 유해균을 죽인다. 소금에 절이는 동안 삼투압에 의해 배추의 세포질과 세포벽이 분리되면서 내벽에 공간이 만들어진다. 절인 배추는 물에 헹궈내는데 잘 절인 배추는 구부릴 때 부러지지 않으면서도 조직감은 살아 있어 아삭아삭하다. 이때 절임이 잘 되지 않으면 배추 조직이 다시 뻣뻣해진다. 배추가 설 절여지면 어른들에게 "배추가 살아서 다시 밭으로 가버리겠다"라며 타박을 듣곤 했다. 또 지나치게 절여지면 배추 줄기가 늘어져 씹는 맛도 없고 간도 짜져서 김치 맛을 버린다. 그래서 배추를 잘 절이는 것이야말로 김치 담그기 기술의 정수라 할 수 있다.

잘 절인 배추의 물기를 완전히 뺀 후 파, 마늘, 고추, 생강 등의 향신 채소와 젓갈을 버무려 만든 양념을 절인 배춧잎 사이사이에 바른 뒤 밀폐해 발효시키면 김치가 완성된다. 산소와 접촉되는 가장 윗부분은 부패하기 쉬우므로 이를 막기 위해 마지막에 소금을 넉넉히 뿌린다. 이때 배추가 소금에 절여지면서 만들어진 세포 속 빈 공간에 김치의 양념이 쏙쏙 들어가면서 맛이 밴다. 절인 배추보다 김치 양념의 염도가 높아야 삼투압 원리에 의해 배추 속의 수분이 빠지면서 양념이 잘 침투해 서로 맛 성분과 각종 물질의 교환이 잘 이루어지고 발효가 잘 진행될 수 있으니 얼마나 과학적이면서도 독특한 발효 방식인가?

모든 재료를 한데 넣어 밀봉해 저장하기만 하면 되는 다른 절임 식품과 달리 여간 까다로운 공정이 아니다. 분량만 레시피대로 정확히 계량한다고 해서 되는 것이 아니라 날씨, 습도, 배추의 상태에 따라 소금 농도와 절이는 시간을 달리해 최적의 조직감, 적당한 간을 찾아내는 노하우가 필요했고, 이는 세대를 거쳐 전수되었다. 물론 최근에는 과학기술 덕분에 기온이 25℃일 때 소금 농도 10~13%의 염수를 만들어 여기에 15시간 정도 절이면 가장 적당하다는 데이터를 확보했지만 말이다. 소듐(Na, 나트륨)의 순도가 지나치게 높은 소금을 쓰면 배추가 쉽게 물러지고 쓴맛이 나므로 미네랄이 풍부하게 섞인 한국의 천일염이야말로 김치 제조에 찰떡궁합이다. 간혹 외국에서 김치를 담가본 이들이 김치를 망치는 주된 이유도 암염을 사용하기 때문이다.

장류에서도 소금의 역할은 중요하다. 장을 오랜 기간 보관하기 위해 부패 방지 기능은 필수이고, 이 밖에 조금 특별한 역할을 한다. 장류의 주재료인 메주를 약 20% 농도의 소금물에 숙성시키면 삼투압에 의해 메주 속에 분해되어 있던 맛 성분이 소금물로 빠져나오면서 색도 진해진다. 콩 자체만으로는 내지 못하는 여러 맛 성분이 용출되어 어우러지면서 '맛있는 맛'이 만들어지는 것이다. 간을 하는 것만이 목적이었다면 소금만으로 충분했을 텐데, 한국인이 굳이 소금으로 간장과 된장을 만든 이유가 바로 복합적인 감칠맛 때문이다.

메주라는 한 몸에서 갈라져 나온 간장과 된장은 형제이다. 콩을 쪄서 발효시킨 메주를 말렸다가 소금물에 담가 40~60여 일 정도 숙성시키는데, 이때 소금물 속으로 빠져나온 맛 성분은 간장이 되고, 나머지 건더기는 된장이 된다. 이 과정을 '장 가르기'라고 하며, 이렇게 갈라진 장은 각기 따로 숙성 과정을 거친다. 어떠한 맛 성분과 기능성 물질이 많아지는지는 메주의 발효 과정, 간장과 된장이 각각 숙성되면서 발효되는 조건과 환경에 따라 달라진다. 그 결과 소금이 지니지 못한 감칠맛과 복합적이고도 아날로그적인 맛을 내는 것이다.

그런데 장 가르기에서 소금의 역할은 다소 편파적이다. 소금물 농도에 따라 메주의 맛 성분이 소금물 속으로 많이 빠져나오면 간장 맛이 더 좋아지는 반면, 남은 건더기인 된장 맛은 상대적으로 떨어질 것이고, 소금물 농도가 약해 메주 속 맛 성분이 덜 빠져나오면 된장 맛이 더 좋아지기 때문이다. 간장을 맛있게 먹을지, 된장을 맛있게 먹을지는 오로지 장을 담그는 사람이 결정한다. 고소함과 감칠맛을 메주에 고스란히 남기기 위해 간장을 거의 빼지 않고 된장을 만들 수도 있다. 간장을 포기한 만큼 비싼 된장인 셈인데 이를 '토장'이라 부른다.

천일염 박물지

글 · 김준(국제슬로푸드한국협회 슬로피시 위원장)

① 자연 상태의 바닷물보다
염도가 높은 물.
② 갯바닥이나 진펄 같은 곳에 있는
거무스름하고 미끈한 흙.
③ 모래와 진흙이 섞인 갯벌.

한국에서는 소금 농사를 짓는다

한국에서 가장 오래된 소금 생산 방법은 바닷물을 가마에 끓이는 것이다. 함수 鹹水①를 자연에서 쉽게 얻을 수 없는 기후이기에 많은 연료를 들여 소금을 생산할 수밖에 없었다. 암염이 없는 한국에서 함수를 얻는 방법은 조차潮差의 크기, 갯벌의 유무, 갯벌의 종류(해양 지질)에 따라 지역별로 차이가 있다. 그 방법이 무엇이든 마지막 생산과정은 함수를 가마에 넣고 끓이는 것이었다. 가마는 조개껍데기를 빻아 진흙과 섞어 만든 토분과 철로 만든 철분이 있었다. 이렇게 바닷물을 가마에 넣어 끓이고 수분을 증발시켜 소금을 얻었기에 '삶다, 끓이다'라는 뜻의 한자어 자煮를 붙여 자염煮鹽이라 불렀다.

함수를 얻기 위해 먼저 소가 끄는 써레를 이용해 개흙②을 갈아 부수고, 그 위에 바닷물을 뿌린 다음 말린다. 그 흙을 모으고 바닷물을 부어 농축된 바닷물을 걸러낸다. 이 과정은 농사짓는 것과 흡사해 "소금 농사를 짓는다"라고 말했다. 사니질沙泥質③ 갯벌이 함수를 만드는 데 가장 효과적이다. 서해안의 경기만이나 전남 다도해에서 소금이 많이 생산된 이유다.

한국에서 천일염을 생산하기 시작한 것은 1907년 인천 주안의 시험 염전에서다. 일제는 일본 소금 수요 충족, 전쟁 준비 등을 위해 천일염전을 만들었다. 이후 평안도의 광양만·덕동·귀성 지역과 한강 하구인 주안·남동·군자·소래 지역에 대규모 천일염전이 만들어졌다. 평안도는 중국 수입 염이 호황을 누리던 곳이며, 한강 하구 경기만 일대는 경성으로 가는 길목이었다. 이곳은 천일염을 생산하기 좋은 환경일 뿐만 아니라 유통과 소비 등 사회·경제적으로도 최적지였다. 그런데 천일염전이 북한에 집중되어 있어, 남북 분단 이후 남한에서는 소금 기근 현상이 나타났다. 소금값이 급등해 쌀 한 말과 소금 한 말이 교환될 정도였다.

남한 정부는 민간인도 염전을 조성할 수 있도록 전매제를 폐지하고, 전쟁을 피해 남으로 내려온 실향민을 동원해 염전을 만들기도 했다. 그 후 1990년대 WTO 출범에 따른 시장 개방과 함께 소금 시장도 개방하면서 수도권과 가까운 경기만 일대의 염전이 대부분 폐전되었다. 지금은 전남의 여러 섬과 연안을 중심으로 1000여 개 업체가 1년에 25만 톤에서 30만 톤의 천일염을 생산하고 있다.

시간과 공간의 결정체, 천일염

염전은 바닷물을 저장하는 저수지, 태양열과 바람으로 바닷물을 농축하는 자연 증발지, 소금이 결정되는 결정지, 함수를 보관하는 해주海宙, 생산된 소금을 보관하는 소금 창고로 이루어진다. 증발지를 거치면서 염도 3도의 바닷물은 염도 25도로 농축된다. 이 함수를 결정지에 넣으면 바람과 햇볕의 강도에 따라 2~3일 지난 뒤 소금이 만들어진다. 저수지의 바닷물이 소금 알갱이로 바뀌기까지는 한 달 정도의 시간이 필요하다.

천일염은 보통 4월 중순부터 10월까지 생산한다. 바람과 햇볕이 좋아야 하고 땅의 온도도 올라가야 좋은 소금이 만들어진다. 가장 좋은 소금이 생산되는 시기는 5월 말에서 6월 초이며 이때 만든 소금은 식용으로 사용한다. 가을 소금은 쓴맛이 강해 대부분 건축용으로 이용한다.

소금 생산자들은 겨울철에 가장 많은 일을 한다. 농부들이 땅심을 높이기 위해 논밭을 갈아엎듯 염부들은 염전을 갈아엎고 해주에 퇴적된 펄을 퍼내며 염전을 수리한다. 옛날에는 소를 이용했지만 요즘은 경운기나 트랙터를 이용한다. 염전 정비가 끝나면 겨우내 바닷물을 증발시켜 염도를 높인 물을 많이 만들어 해주에 보관한다. 땅의 기온이 오르고 따뜻한 남풍이 불기 시작하면 해주에서 물을 꺼내 소금을 만들기 시작한다.

소금으로 귀신을 쫓는다?

소금은 인간의 힘만으로 얻을 수 있는 것이 아니다. 태양과 바람과 땅의 힘을 빌려야 얻을 수 있다. 그래서 소금을 생산할 때는 좋은 소금을 만들게 해달라고 소금 고사를 지냈다. 옛날에는 자염을 만들기 시작할 때 가마가 있는 벌막④이나 바닷물을 농축시키는 갯벌에 제물을 올렸다. 이때 제물로 삶은 돼지머리, 과일, 소금, 메밥 그리고 메밀범벅⑤을 올렸다. 불을 지펴 바닷물을 증발시켜 소금을 얻었기 때문에 화재도 빈번해서 화기 등의 액을 막기 위해 메밀범벅을 뿌리

⑥ 공식 명칭은 합천 해인사
대장경판으로 국보 제32호.
몽골이 고려를 침입하자 부처의
힘으로 몽골군을 물리치기 위해
만든 대장경이다. 경판의 수가
8만1258판에 이르러서 흔히
'팔만대장경'이라고 부른다.

전남 신안군 태평염전의 결정지에 한창
소금꽃이 피고있는 모습이다.
바짝 마른 것보다는 이렇게 물속에서
채취하는 속 소금이 더 맛있다.

고 돼지 뼈를 벌막에 매달기도 했다. 이렇게 하면 소금 생산을 방해하는 액을 내쫓을 수 있다고 믿었던 것이다. 소금 고사는 풍염豐鹽과 생산자의 무탈, 소금이 잘 팔리기를 기원하는 의식이다.

한편 옛사람들은 소금이 화기를 막고 사악한 것들이 들어오지 못하게 정화 작용을 한다고 믿었다. 그래서 소금이나 소금물 혹은 바닷물을 단지에 넣어 모시기도 했다. 화재가 잦은 마을에서는 매년 짠 물을 담은 단지를 땅에 묻고 제사를 지냈다. 팔만대장경⑥이 보관된 해인사를 비롯한 일부 사찰에서도 화재를 막기 위해 단옷날 소금 단지를 절집에 올리거나 경내에 묻었다. 가정에서도 화재를 막기 위해 정월 대보름이면 집 안 굴뚝에 소금을 뿌리기도 했다. 또 새집을 지을 때 소금을 뿌려 액을 막기도 하고, 장례식장에 다녀오면 등이나 머리에 소금을 뿌려 사악한 기운을 막기도 했다.

대 체 불 가 능 한 소 금

조선 시대에는 기상이변이나 전쟁과 전염병이 잦았다. 그때는 속수무책이었다. 아사자가 속출하고 질병이 창궐하면 왕은 백성들에게 먹을 것을 내렸다. 이때 빠지지 않는 것이 소금, 쌀, 콩이었다. 지금도 그렇지만 이 세 가지만 갖춘다면 최소한의 생활을 할 수 있었다. 쌀이나 콩은 보리, 고구마 심지어 해초나 식물 뿌리로 대체할 수 있었지만, 소금은 대체할 것이 없었다. 이때의 소금은 자염이었다.

당시 백성들은 콩을 삶아 메주를 만들어 띄운 다음 소금과 맑은 물에 섞어 장을 담갔다. 장만 있으면 굶어 죽지는 않았다. 메주는 건져 된장을 담그고, 맑은 물은 장으로 사용했다. 장은 조미료이자 그 자체로 찬이 되기도 했고, 국을 끓이거나 조리를 할 때 간을 맞추는 소금 역할도 했다. 소금이 귀했던 제주에서는 채소로 나물을 할 때나 국을 끓일 때 심지어 생선조림을 하거나 물회를 만들 때도 제주 고유의 된장으로 간을 맞추었다.

장만석

친환경 소금 장인

전남 신안 증도에 있는 태평염전은 한국에서 가장 큰(462만m²) 염전이다. 1953년부터 천일염을
생산하기 시작했으니 70년 가까운 역사를 지닌 곳이다. 태평염전 소금이 유명한 이유는 염전의
규모와 역사 때문만은 아니다. 이곳에서는 염전에서 자라는 염생식물인 함초를 죽이지 않고
그대로 재배하는데, 이로 인해 줄어드는 생산량을 감수하고라도 염도는 낮으면서 함초의
미네랄이 풍부하게 함유된 소금을 생산하기 때문이다. 태평염전이 자리한 증도는 아시아 최초로
슬로 시티(인구 5만 명 이하의 도시 중 친환경적 삶의 방식으로 살아가는 곳) 인증을 받았으며,
증도의 갯벌은 유네스코 생물권보전지역과 람사르 습지(독특한 생물·지리학적 특징을 지닌
곳이나 희귀 동식물이 서식하는 곳으로서 중요성을 지녀 보호해야 하는 습지)로 지정되었다.
장만석 장인은 태평염전에서 16년째 소금 농사를 짓고 있다. 장인의 집은 소금밭 바로 옆에 붙어
있는데, 비가 오면 바로 뛰쳐나가 소금밭을 돌봐야 하기 때문이다. 장인의 하루는 아직 별이
떠 있는 새벽 3시에 시작한다. 결정지(햇빛과 바람으로 농축된 함수를 소금 결정체로 만들어
채염하는 곳) 바닥을 깨끗이 정리하고, 증발지(햇빛과 바람으로 자연 농축해 염도를 높이는
곳)의 물꼬를 트거나 막고, 결정지의 소금을 긁어모으고…. 해마다 3월 28일에는 그해의 첫
소금을 뜨는 '채렴식'에 참여한다. 마지막 천일염 채취는 9월 20일. 그리고 겨울철에는 갯벌을
다듬어 깎고, 물길을 손보고, 염전을 갈아엎는다. 그래야 다음 해에도 미네랄이 풍부한 소금을
얻을 수 있기 때문이다.

한국의
각양각색
소금

전남 신안의 태평염전 천일염에
완도산 다시마를 넣어 만든다.
국물 요리에 감칠맛을 더해준다.
섬들채. www.sumdleche.com

전남 신안에서 생산하는
천일염을
1년 이상 숙성한 다음
황토 단지에 담아 구운 소금.
황토소금.

예부터 자염 생산이 발달한
충남 태안에서 만드는 흑마늘자염.
태안천일염.com

10년간 숙성·건조해 간수를 뺀
태평염전 천일염. 섬들채.

전남 신안 신의도에서
만드는 토판염. 더솔트
www.thesalt.co.kr

3년간 간수를 뺀
신안 천일염을 대통에 넣고
소나무 장작불로
아홉 번 구운 죽염. 인산죽염.
www.insan.com

전남 신안의 천일염을
건조한 다음
복분자 원액을 섞어 만든다.
손봉훈신안갯벌천일염.
sbhmudsalt.com

국내산 천일염을
네 번 정제하고
3일간 황토방에서
건조한 다음
루테인을 첨가한 소금.
카우골드.
m.cowgold.co.kr

3년 이상 숙성·건조해
간수를 뺀 태평염전
갯벌 천일염.
섬들채.

전남 신안의
박성춘 소금 장인이
토판염에 함초를
섞어 만든다. 명인명촌.
myeonginmyeongchon.com

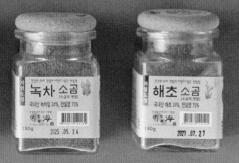

7년 이상 간수를 뺀 천일염을
강황·다시마·표고버섯 등을
우린 육수에 녹인 다음 수분을
증발시켜 만든다.
이미자 울금나라. 울금나라.com

천일염에 국내산 해초와 녹찻잎을 섞어 만든다.
뫼들해. www.medalhae.co.kr

김치,
담그고
삭히다

김치는 무엇으로 단련되는가

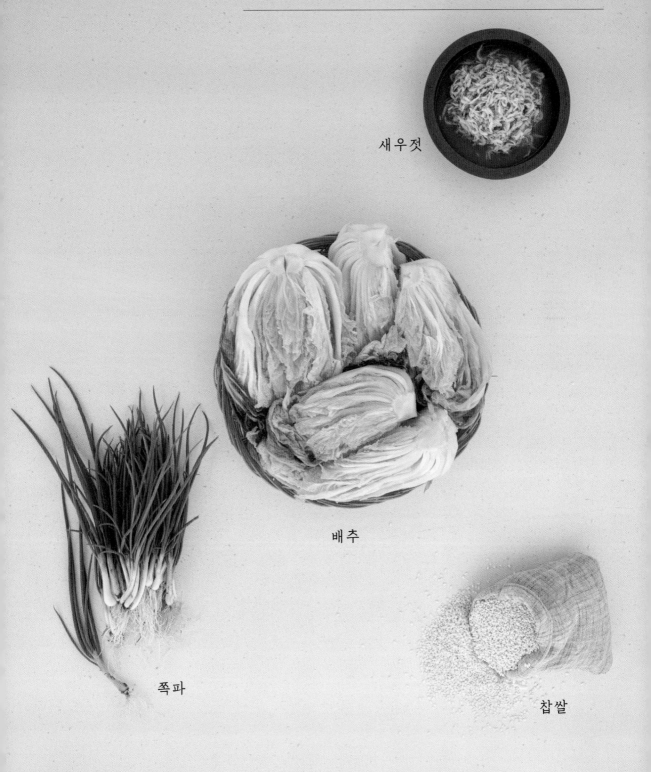

새우젓

배추

쪽파

찹쌀

황석어젓

멸치액젓

배

마늘

천일염

고춧가루

생강

무

김치 맛의 비밀

배추

2.5~3kg 정도의 중간 크기 배추가 가장 맛있다. 겉잎은 파랗고 속은
노란빛을 띠어야 달고 고소한 맛이 난다. 속이 너무 꽉 찬 배추는
특유의 향이 덜 나고 고소한 맛도 덜하다.

무

1kg 정도의 중간 크기로 모양이 매끈하고 잔털이 많지 않으면서
윤기가 나는 것을 고른다. 또 전체적으로 길쭉하지 않고 싱싱한
무청이 달려 있으면 좋다.

쪽파

통통하고 동그스름하면서 알이 단단해야 맛있는 조선 쪽파로,
김치를 담갔을 때 특유의 향이 잘 살아난다. 잎 길이는 짧은 것이
좋으며 너무 가늘지 않은 것으로 골라야 적당히 매우면서도
감칠맛이 난다.

마늘·생강

마늘쪽이 꽉 찬 것이 좋다. 필요한 만큼 바로 껍질을 까서 사용해야
특유의 알싸하고 달콤한 맛을 살릴 수 있다. 생강은 보통 마늘양의
1% 미만을 사용하는데, 너무 많이 넣으면 쓴맛이 나기 때문이다.
단, 해물이 들어가는 김치에는 좀 더 넣어 비린 맛을 잡는 것이 좋다.

고춧가루

입자 크기에 따라 용도가 다르다. 고운 고춧가루는 무를 미리 물들일
때 사용하고, 김칫소를 만들 때에는 중간 굵기를 사용한다.

천일염

김치 맛은 소금이 좌우한다 해도 과언이 아니다. 김치를 담글
때에는 주로 한국산 갯벌 천일염(갯벌을 다져 만든 흙판에서 생산한
토판土板 천일염이 가장 좋다)을 사용하는데, 세척해서 간수를 뺀
3년 정도 묵은 천일염으로 배추를 절여야 식감이 좋고 김치가 쉽게
무르지 않는다. 해외에서 구하기 힘들 때에는 프랑스 게랑드 소금
같은 천일염을 사용하는 것이 좋다. 염도가 높은 정제염은 김치를
쉽게 무르게 만들기에 권하지 않는다.

젓갈

젓갈은 새우젓과 멸치액젓 정도를 준비하면 웬만한 김치는 모두
담글 수 있다. 멸치진젓(멸치생젓), 황석어젓, 갈치속젓을 구하기
힘들면 대신 새우젓이나 멸치액젓, 까나리액젓을 사용하면 된다.
젓갈 맛을 싫어할 경우 물 1½컵에 토판염 50g 정도를 섞어 넣으면
김치 간을 맞출 수 있다.

배

크고 물이 많은 것을 고른다. 김치에 배를 넣으면 시원하고
고급스러운 맛이 난다. 단, 오래 두고 먹을 김치에는 넣지 말고
한두 달 안에 먹을 김치에만 넣는 것이 좋다.

찹쌀

물과 찹쌀을 7:1 비율로 섞어 끓여 만든 찹쌀풀은 유산균의 먹잇감이
되어 김치의 발효를 도와준다.

김치는 한국 사람에게 왜 특별한가

글·박채린(세계김치연구소 책임연구원)

인류는 채소를 오랫동안 저장해두고 먹기 위한 방법으로 공통된 기술을 활용했는데 그것이 바로 소금절이다. 그 지역에서 얻을 수 있는 채소와 작물을 이용하므로 들어가는 원재료와 조리 과정이 조금씩 다를 뿐 만드는 원리는 동일하다. 유럽, 특히 독일의 사워크라우트sauerkraut, 인도·동남아시아 지역의 아차르achar, 그리스·아랍 지역의 투르슈turşu, 중국의 파오차이(泡菜), 일본의 신코(新香), 한국의 짠지나 장아찌 등은 이름과 만드는 법은 소소하게 다르지만 모두 피클링pickling이라는 소금절이 원리로 만든 음식이다. 유럽과 중국의 절임 채소는 신맛이 강하고, 일본과 한국의 것은 그에 비해 은은한 신맛이 나며 김칠맛이 신한 편이다.

김치는 조금 다른 소금절이다

김치는 소금에 절인 짠지, 장에 절인 장아찌에서 출발했으나 만드는 법이 독특하며 형태나 맛이 이색적이다. 짠지와 장아찌 만드는 법은 어느 나라의 절임 채소 만들기와 크게 다르지 않는데, 잘 씻거나 말려서 소금 또는 장류에 넣으면 끝이다. 오래 묵히는 과정에서 높은 염도로 인해 채소가 지닌 수분이 거의 빠져나간다. 이에 비해 김치는 훨씬 복잡한 과정을 거치며 모양도, 맛도 차이가 크다. 김치만의 독특한 특징을 살펴보면 다음과 같이 정리할 수 있다.

첫 번째 특징··· 만드는 법이 특이하다. 인류가 미생물과 먹이 전쟁을 벌이는 방식은 사멸시키거나 공존을 택하는 것이다. 그중 공존의 방법이 곧 발효인데, 발효를 시키더라도 유해 미생물은 죽이거나 활성도를 낮춰야 하므로 보통 건조, 열탕, 훈제를 거친 후 소금에 절이는 방법을 택하거나 아예 고농도 소금에 오래 절이는 단순한 방법을 쓴다. 그런데 김치는 1단계로 단시간 소금에 절여 유해 미생물을 제어한 다음, 2단계로 젓갈에 버무린 김치 전용 양념을 넣고 옹기에 담아 발효를 유도하는 복합 발효 방식을 취한다.

　채소를 소금에 단시간 절이면 유해 미생물의 초기 생존을 막아 유산균의 활동을 도울 수 있다. 또 삼투압에 의해 채소의 세포질과 세포벽이 분리되어 채소 내벽에 공간이 생긴다. 이 빈 공간에 절임 채소보다 염도가 높은 김치 양념이 침투해 서로 맛 성분과 물질교환이 이루어지면서 효율적으로 발효가 진행되는 것이다. 식사 전 별도의 조리 과정을 거치지 않고 바로 반찬으로 먹는데, 발효 과정 중 생겨난 탄산 맛이 어우러진 국물은 식사하면서 숟가락으로 떠먹기도 하고, 밥에 비벼 먹기도 하며, 국밥에 넣어 먹기도 한다. 너무 시거나 물러지면 찌개로 만들기니 디른 음식의 부재료로 활용하기도 하지만 조리가 필수 조건은 아니다.

　　이러한 발효법은 오랜 저장 기간에도 채소의 아삭한 질감이 유지되도록 하고 발효 효율성도 높인다. 덕분에 김치는 다른 발효 식품의 추종을 불허할 정도로 많은 종류와 양의 유산균을 보유한다. 밝혀진 유산균 종류만 34종이 넘으며 김치 1g당 최소 1억 마리에서 최대 10억 마리의 유산균이 존재한다. 일반 발효 유제품의 유산균 함량 법적 기준치가 1ml에 1000만 마리 이상이라는 점을 감안하면 그 수가 얼마나 대단한지 가늠할 수 있다.

　　발효가 진행될 때 열처리 또는 건조를 하거나 식초 같은 산성 용액을 사용하면 유해균은 물론 유익균도 활동할 수 없기 때문에 발효가 제한적으로 일어난다. 대표 사례로 들 수 있는 게 일본의 이부리갓코(燻りがっこ)다. 무를 천장에 매달고 바닥에 불을 지펴 4~5일 동안 말린 다음 무 표면의 수분이 마르고 훈연 향이 배면 소금, 쌀겨에 절이는 훈제 무절임이다. 중국의 절임 채소는 열탕 처리를 하거나 건조시켜 만드는 경우가 많다. 익히거나 볕에 말려 발효를 정지시킨 후 자기 항아리에 밀봉해서 보관한다. 모두 미생물의 수분 활성도를 낮추거나 아예 죽이는 것이 목적이다. 한국에서 김치류를 만들 때 채소를 전처리하는 방법으로 익히거나 열탕 처리를 하는 사례는 여름철 오이 등을 간장에 절여 만든 장김치와 특별히 노인을 위해 만드는 익힌 무김치 등 두 가지 유형밖에 존재하지 않는다.

두 번째 특징… 김치의 독특한 특징 두 번째는 다른 절임 채소와 달리 국물까지 함께 먹을 뿐 아니라 아예 국물을 먹기 위해 만든 물김치가 따로 존재한다는 것이다. 세계적으로 많은 문화권에 채소를 절여 저장성을 높인 음식이 있지만 국물을 함께 먹는 경우는 흔하지 않다. 서양의 대표적 절임 채소인 사워크라우트는 물론 향신료와 소금을 이용해 만든 절임액에 각종 채소를 넣어 만든 중국의 파오차이까지 모두 건더기만 건져 먹는다. 국물을 직접 섭취하지는 않지

만 발효 과정에서 생긴 시큼한 국물을 음식의 맛을 내는 용도로 활용하는 경우는 찾아볼 수 있다. 러시아의 절임 국물 라솔rassol이 대표적인데, 이것으로 만든 수프를 라솔니크rassolnik라고 한다. 발효의 부산물로 재료에서 우러나온 즙을 수프에 넣어 맛을 낸 것이다.

이와 달리 한국의 동치미, 나박김치 같은 물김치는 무가 발효되면서 생성된 풍미와 무 자체의 맛 성분이 소금물에 우러나도록 만든 후, 건더기와 함께 국물까지 떠먹는 것이 주목적인 음식이다. 동치미나 나박김치 국물을 끓이거나 다른 음식의 부재료로 요리하는 일은 없다. 채소를 발효시킬 때 소금 농도가 낮으면 잡균의 활동이 활발해져 발효가 정상적으로 이뤄지지 않을 수 있고 저장 기간도 훨씬 줄어든다. 단지 채소를 오래 보존하는 것만을 목적으로 했다면 만들어질 수 없는 것이 물김치다. 이는 장기 저장을 위한 보존식의 단계를 넘어 원하는 목적의 맛과 용도에 맞는 발효 식품을 만들 수 있을 만큼 기술의 축적과 진보가 이루어졌다는 걸 의미한다. 2018년 판문점에서 열린 남북정상회담에서 남북 대표들이 함께 먹어 더욱 유명해진 평양냉면도 원래 물김치에 국수를 말아 먹던 것에서 생겨난 음식이다.

세 번째 특징… 동물성 발효 식품과 식물성 발효 식품의 절묘한 컬래버레이션으로 맛과 영양의 완성도를 높였다는 것이다. 식물성 채소 절임에 동물성 발효 식품인 젓갈을 넣어 맛과 영양 모두를 잡는 것은 김치만의 경이로운 창의성이라 할 수 있다. 한식이 본래 소금보다 간장, 된장, 젓갈(액젓) 등의 발효 식품으로 음식에 간을 하긴 하지만, 특히 젓갈로 채소 절임의 간을 하는 제조 방식은 유사한 사례를 찾기 힘들 정도로 독특하다.

젓갈은 생선이나 어패류의 살, 내장, 뼈, 부산물 등을 소금에 절여 발효시킨 것이다. 부패하기 쉬운 해산물을 20% 이상의 고농도 소금에 절이면 미생물에 의해 단백질이 아미노산으로 분해되어 특유의 냄새와 함께 감칠맛이 나는 젓갈이 만들어진다. 젓갈은 간장, 된장 같은 식물성 단백질 발효 식품보다 감칠맛의 강도가 좀 더 강한데, 한국인에게 이런 아미노산 계열의 감칠맛은 인기가 매우 높다. 아마 젓갈을 김치에 넣기 시작하면서 간장으로 만든 장김치가 점차 사라진 듯하다.

한데 과거 농경 국가였던 한국에서 동물성 식재료는 흔하지 않았기에 젓갈은 특수 계층만 향유했고 귀한 손님에게나 대접하는 고급 음식이었다. 18세기경부터 어업 기술의 발달로 어획량이 늘어나고 이를 내륙으로 운반할 수 있는 교통망도 갖춰지면서 김치에 젓갈을 넣는 제조 방법이 보편화되었다.

생채소를 버무린 김치에 동물성 발효 식품인 젓갈을 넣는 것은 영양적 균형을 맞추고 초기 발효를 도울 뿐 아니라, 특유의 감칠맛까지 더한다는 점에서 최상의 궁합을 이룬 것이라 할 수 있다. 현재는 김치에 젓갈이 들어가는 제조법이 김치의 표준 레시피로 정형화되어 있지만 사실 지금도 내륙지역이 고향인 70세 이상 어르신 중에는 어린 시절 젓갈이 들어간 김치를 한 번도 먹어보지 못했다는 분이 많다. 또 동물성 식재료를 금하는 한국의 사찰에서도 김치에 젓갈을 넣지 않는다. 대신 버섯, 다시마 등 젓갈의 감칠맛을 대신하는 레시피가 비법처럼 전수되고 있다.

네 번째 특징… 갓 담가 발효를 거치지 않은 겉절이로도 먹을 수 있고, 지나치게 숙성해 양념을 모두 씻어내야 하는 묵은지로도 먹을 수 있다. '잘 익었다'는 것은 기준이 없지 않으나 '얼마만큼 익었을 때 먹어야 하는지'에 대한 기준은 없다. 어느 정도 숙성된 것을 좋아하는지 오로지 개인의 취향에 따라 가장 선호하는 단계의 맛일 때 먹으면 그만이다. 한 상에 여러 가지 반찬을 한꺼번에 올려놓고 자기 주도적으로 음식을 섭취하며 복합적인 맛을 즐기듯, 김치 하나를 먹을 때도 개성과 취향이 뚜렷한 한국인의 특성이 드러난다.

한국인의 유비쿼터스, 김치

예전에 한국인에게 김치가 어떤 의미인지 정리해달라는 출판사의 요청을 받고 김치의 역할을 현대 사물 인터넷 시대의 유비쿼터스ubiquitous라는 개념에 비유해 기고한 적이 있다. 유비쿼터스는 시간과 장소를 불문하고 사람과 사물들을 촘촘히 짜인 실처럼 연결하는 정보통신 환경을 뜻하는 말로, '언제 어디에나 존재하는'이라는 뜻의 라틴어에서 차용한 말이다.

김치는 1년 365일 한국인의 상차림에 한 끼도 빠지지 않고 곁들이는 반찬이다. 그만큼 식생활에서 김치가 차지하는 비중은 여타 문화권의 유사 음식과 확연히 다르다. 국물이 많은 물김치든, 익히지 않은 생김치든, 푹 곰삭은 묵은지든, 20여 가지 재료로 만든 화려한 김치든, 고추·파·마늘만을 넣어 짠지에 가까운 김치든 모두 '김치'라는 이름으로 매 끼니 먹고 있다. 때로 밥 대신 떡, 고구마, 죽으로 끼니를 때울 때도 김치는 빠짐없이 등장한다.

김치는 겨울에 부족한 채소를 먹기 위해 담그는 것이긴 하나 봄이 되어 산과 들에 나물이 지천으로 자라 찬거리가 생겼다 해도 상에서 사라지지는 않는다. 오히려 이 채소와 나물로 김치를 만들어 먹는다. 봄철에는 봄동·산나물·들나물, 여름에는 열무·오이·깻잎·가지, 가을에는 갓·고들빼기·고구마순 등 가까운 곳에서 그때그때 구할 수 있는 채소로 물김치나 양념 김치를 입맛대로 담가 저장해두고 상에 올린다. 짠지나 장아찌가 있다고 해도 밥상에 김치는 빠지지 않는다. 이렇게 김치는 다른 나라의 어떤 절임 식품과도 차별화되는 폭넓은 쓰임새와 독특한 맛으로 진화해 한국인에게는 '언제, 어느 곳에나 존재하는' 밥상의 유비쿼터스가 되었다. 상차림에서의 필수성, 보편성, 일상성, 범용성 어느 것을 따져보아도 다른 음식에 비할 바가 아니다.

음식 아닌 음식, 김치

식생활에서 차지하는 비중이 절대적이기 때문에 김치에 얽힌 경험과 추억을 매개로 한 한국인의 정서적 연대감은 각별하다. 집에서 담근 김치는 한국인이라면 누구나 일생을 함께하는 맛의 원형이고, 그 속에는 한국인의 삶과 정서가 녹아 있다. 김치에 관한 추억을 통해 개인 차원에서는 과거와 이어지고, 유사한 기억을 지닌 사람들이 이를 공유하며 서로 정서적으로 결속하니, 한국인에게 김치는 식문화의 유비쿼터스 허브ubiquitous hub라 할 만하다.

오늘날에는 가족 구성, 생활양식 등의 변화로 더 이상 김치가 한국인의 식생활에서 절대적 비중을 차지하지는 않는다. 하루 세끼 밥을 직접 챙겨 먹기도 힘들고, 다른 반찬거리도 풍족해 김치에 대한 의존도는 과거와 많이 달라졌다. 그럼에도 여전히 기본 찬으로서 김치의 유비쿼터스 속성은 남아 있다. 매끼 먹지 않더라도 상비 식품으로 냉장고 속을 늘 차지하고, 학교급식이나 직장 구내식당에서는 매일 바뀌는 메뉴와 별도로 김치를 항상 제공한다. 식당도 예외가 아니어서 배추 가격이 제아무리 폭등하더라도 김치는 빼거나 값을 따로 받을 수 없다 보니 김치 종주국임에도 값싼 중국산 김치의 최대 수입국이 되는 아이러니를 낳고 있다.

반찬이 부족하던 과거에는 양적 보완재 역할을 하던 김치가 식생활에서 비중이 낮아진 현재에는 질적 보완재로서 역할 전환을 가속하는 중이다. 김치의 건강 기능성이 알려진 덕분이다. 아울러 정서적 보완재 역할은 예나 지금이나 변함없이 이어지고 있다.

겨울에 채소를 먹을 수 없던 인류가 고안해낸 많은 방법 중 가장 우수하다고 인정받는 저장법이 김치 담그기다. 채소의 영양소 파괴를 최소화하면서, 싱싱한 상태로 저장·보존하는 방법이다.

21세기에 접어들어 고도의 산업화 시대를 살고 있음에도 한국에서는 여전히 농경문화 전통에서 유래한 김장과 인연의 끈이 이어져 변형된 형태의 김장 문화가 지속되고 있다. 김장철 주말이 되면 때아닌 귀성 차량으로 길이 막히기도 하고, 가족의 김장 행사에 참여하지 못한 사람들이 재료비, 수고비를 부담하며 가족표 김장 김치를 배달해 먹으려는 통에 택배 회사가 분주해지기도 한다. 지자체에서 공동 작업장을 마련해 주민들이 함께 만든 김치를 주변의 어려운 이웃과 나누는 김장 행사도 종종 펼쳐진다.

이 모두가 한국인이라면 여전히 김치 없이 살 수 없고, 아직은 우리 입맛이 획일화된 상품 김치보다 엄마의 사랑과 정성이 담긴 김장 김치에 강한 향수를 품고 있기 때문일 것이다. 하지만 이러한 김장 풍속도 김장 김치를 독립적으로 만들 수 있는 현재 50~60대 가정주부가 가사일에 종사할 수 있는 기간인 향후 10~20년이 지나고 나면 또 어떻게 변해 있을지 모를 일이다. 최근 몇 년 사이 한국에는 1인 가구가 급격히 증가했다. '혼밥' '혼영' '혼술'이라는 문화 현상이 낯설지 않게 되면서 1인용 김치 상품이 인기를 끌고 있다. 향후 가족의 해체가 김치 문화에 어떤 영향을 미칠지 시간을 두고 관찰할 필요가 있을 것 같다.

다행히 2013년 김장 문화가 유네스코 무형문화유산 대표 목록으로 등재된 이후 김치가 지닌 문화적 가치에 대한 이해도와 자긍심이 상승했고, 김치 문화를 보존·계승하기 위한 노력이 필요하다는 자각이 폭넓게 일고 있다. 따라서 김치 문화에 대한 한국 사회의 관심은 식생활 부문에서 문화 자산 부문으로 옮겨가 앞으로도 지속될 것으로 보인다.

김치는 정말 건강식품일까?

글 · 조미숙(이화여자대학교 식품영양학과 교수)

① 한국에서 오미는 단맛, 짠맛, 신맛, 쓴맛, 매운맛을 말하지만, 국제적으로 공인된 맛의 4대 원소는 단맛, 찐맛, 신맛, 쓴맛이고, 2008년 감칠맛이 비로소 제5미(The 5th taste)로 공인되었다. 매운맛은 동아시아권과 남미 등에서는 음식 맛으로 인정받고 있으나, 다른 문화권에서는 뜨거움 혹은 통증으로만 인지되고 있다.

배추를 다듬어서 포기를 가른 후 소금물에 담갔다가 소금을 뿌리고 커다란 독이나 용기에 차곡차곡 담아 절인다. '반년 양식' 김장의 시작이 바로 이 배추 절이기다. 요즘 한국에서는 배추 절이는 과정과 김장 쓰레기 문제를 해결한 '절임 배추' 상품을 판매하고 있다.

한국인이라면 누구나 어릴 때부터 먹은 김치 맛을 기억한다. '내게 가장 맛있는 김치'는 어머니 손맛이 담긴 김치. 어린 시절 김치를 담그는 어머니 옆에서 얻어먹던 막 버무린 배추김치 한쪽의 맛은 한국인 누구에게나 추억으로 남아 있다. 겨울철 땅속에 묻어둔 항아리에서 바로 꺼낸 동치미 국물의 찌르르한 맛은 사이다나 스파클링 워터보다도 더 상큼해서 입안에 군침이 고이게 한다. 사워크라우트나 파오차이, 쓰케모노 같은 다른 나라의 채소 발효 음식은 짠맛과 신맛이 주를 이루지만 김치는 단순하게 혀에서 느끼는 맛이라기보다는 '매우 복합적인 발효 맛'이라 표현할 수 있다. 주재료인 배추, 무, 오이 등과 부재료인 소금, 고춧가루, 마늘과 여러 종류의 젓갈이 어우러져 숙성 과정을 거치면서 나타나는 슬로푸드 맛인 것이다.

한국인의 입에 가장 맛있는 김치는 잘 발효된 김치다. 맛있는 김치와 맛없는 김치는 미생물 조성의 차이로 판가름한다. 류코노스톡 메센테로이데스 *Leuconostoc mesenteroides* 같은 김치의 대표 유산균이 풍부하며 젖산 발효가 잘 일어났을 때 많은 이가 맛있는 김치라고 느낀다. 이와 달리 겉절이(일본에서는 '기무치'로 알려지기도 했다)는 양념으로만 버무린 김치로, 발효되지 않은 양념 그대로의 맛을 지닌다.

배추김치 맛은 주재료인 배추와 부재료인 무, 파 등을 비롯해 양념인 마늘, 젓갈, 소금, 고춧가루의 맛이 조화를 이룬 것이다. 김치를 한 조각 입에 넣고 씹으면 혀의 미뢰에서 이것을 감지해 미각세포를 통해 뇌에 전달하면서 다섯 가지 맛, 즉 짠맛, 신맛, 단맛, 쓴맛, 감칠맛을 느끼게 된다. 김치는 이런 기본적인 맛 외에도 탄산미와 매운맛까지 갖추고 있다.[①] 여기에 아삭한 질감과 고유의 향미가 어우러져서 김치만의 특별한 풍미를 만든다.

짠맛… 김치의 짠맛은 천일염이 내는 맛이다. 김치는 1차 소금절이와 2차 담금 과정을 통해 소금 농도가 약 2% 내외에 이르게 된다. 최근에는 저염 김치에 대한 관심이 높아지면서 김치의 염도가 점차 낮아지고 있다. 품질이 매우 우수한 것으로 알려진 한국 서해안의 천일염을 김치 담그는 데 주로 쓴다. 특히 배추를 절일 때는 간수를 뺀 천일염을 사용한다. 간수에 함유된 염화마그네슘($MgCl_2$), 황산마그네슘($MgSO_4$) 등이 쓴맛을 내기 때문에 반드시 간수를 뺀 천일염으로 배추를 절여야 한다.

신 맛… 김치의 신맛은 방금 담근 김치에서는 느낄 수 없다. 발효 과정에서 생겨난 유기산과 유산, 구연산, 초산, 호박산 등이 김치의 신맛을 낸다. 김치 종류에 따라 유기산과 유산의 종류는 매우 다양하기 때문에 신맛 역시 모두 다르다. 보통 한국인의 입맛에 최적화된 김치의 산도는 0.6~0.8%로 본다. 김치를 담가 처음 1~2일은 상온(15~25℃)에서 숙성하고, 이후 냉장 온도(0~4℃)에서 저장하면 이 정도의 산도가 만들어진다. 요즘 한국 가정에서는 대부분 김치냉장고를 사용한다. 김치냉장고는 김치를 최적의 발효 상태로 오랫동안 유지하는 발명품이다. 맛있게 익은 김치는 pH 4.3 정도로 신맛이 약간 난다. 김치를 오래 저장하면 지나치게 발효되면서 초산이 생겨 과숙된 신김치가 된다.

단 맛… 한국인은 김치를 담글 때 찹쌀풀, 밀가루풀 같은 전분 성분을 첨가하는데 이것이 발효 과정에서 유산균에 의해 분해되어 포도당(glucose), 과당(fructose) 등의 유리당이 되면서 단맛을 낸다. 요즘에는 설탕이나 매실청 같은 단맛을 내는 성분을 소량 첨가하는 한국인도 많아졌다.

탄산미… 겨울철 잘 익은 동치미에서 느껴지는 톡 쏘는 듯한 시원한 맛이 대표적인 탄산미다. 탄산가스와 탄산으로 만들어지지만 구연산 같은 유기산도 여기에 일조한다. 발효 과정에서 생긴 탄산은 김치 국물에 많이 녹아들기 때문에 동치미 같은 국물김치에서 상쾌한 탄산맛을 쉽게 느낄 수 있다.

매 운 맛… 김치 하면 떠오르는 대표적인 맛이 바로 매운맛이다. 백김치나 동치미처럼 맵지 않은 김치도 있지만, 빨간 김치는 대부분 매운맛이 난다. 김치의 매운맛은 고춧가루, 마늘, 파, 생강, 부추 등 부재료가 내는 맛이다. 고추의 캡사이신, 마늘의 알리신, 파나 부추의 함황 화합물 같은 성분이 매운맛을 낸다. 그중에서도 고추의 캡사이신이 매운맛을 내는 주된 성분인데 캡사이신 함량이 1.0mg%인 김치가 가장 맛있게 매콤한 맛을 낸다.

감 칠 맛… 감칠맛은 흔히 우마미umami라고 알려진 맛이다. 주로 아미노산과 핵산 관련 물질에서 감칠맛이 난다. 김치의 감칠맛은 결국 젓갈의 맛이다. 한국인은 김치 양념으로 새우젓, 멸치젓, 황석어젓 같은 다양한 젓갈을 사용한다. 한 해 한 번 담그는 김장 김치에는 신선한 굴과 새우, 생태 같은 어패류를 넣기도 하고, 쇠고기 육수를 첨가하기도 한다. 동물성 식품 속 단백질 성분이 김치 발효 과정에서 가수분해되어 글루탐산, 알라닌 등의 유리 아미노산으로 분해되는데 여기서 김치의 감칠맛이 생겨난다. 이 밖에 핵산계 물질 역시 감칠맛을 증가시킨다.

다중감각적(multisensory)인 김치의 맛

씹는 맛이 살아 있는 김치 … 오이김치의 아삭함, 금방 담근 겉절이의 생생한 텍스처, 잘 익은 총각김치에서 느껴지는 사각거림은 다른 어떤 음식에서도 느끼기 어려운 맛이다. 음식의 질감은 미각과는 다른 감각이지만, 질감을 통해서 맛을 더 잘 느끼게 된다. 담근 지 얼마 안 되는 김치는 비타민 C 함량이 높고 샐러드 같은 신선한 맛과 질감을 지닌다. 그리고 시간이 지남에 따라 맛뿐만 아니라 질감까지 변화해간다. 김치는 말 그대로 복합적인 맛의 음식이다.

잘 익은 김치의 복합미 … 김치 종류에 따라 발효 시간은 각기 다르지만 발효가 진행되면서 모든 김치는 짠맛, 신맛과 함께 각종 유기산의 맛, 아미노산의 우마미(감칠맛)를 비롯해 단맛, 매운맛, 탄산미를 지니게 된다. 이런 복합적인 맛이 어우러졌을 때 한국인은 비로소 김치가 잘 익었다고 느낀다.

슬로푸드의 맛, 묵은지 … 담근 후 1년 이상 혹은 3년이 지난 김치는 묵은지가 되는데, 발효 시간이 길어짐에 따라 산도가 2.2% 정도로 높아지면서 신맛이 증가하고 배추의 아삭한 질감도 감소하면서 질겨진다. 또 아세트산(acetic acid), 호박산(succinic acid) 등이 증가하면서 일반 김치와는 다른 묵은지 특유의 발효 향과 맛을 낸다. 이런 것이 바로 슬로푸드의 맛이라 하겠다.

세계 5대 건강식품, 김치의 영양

김치는 2006년 <헬스Health>지가 발표한 '세계 5대 건강식품'에 선정되면서 세계적으로 영양가 높은 식품으로 알려졌다. 김치는 지방이 0.1~0.2% 정도에 불과한 저지방·저칼로리 식품이며 풍부한 미네랄과 비타민 B군·C군, 섬유소, 유산균 등을 함유한 영양의 보고다.

　　김치의 주재료인 배추·무·오이 등과 부재료인 파·미나리·갓 등은 모두 채소이며, 이 외에도 사과·배 등의 과실류와 곡류, 동물성 재료 등 50종 이상의 식자재를 사용한다. 따라서 김치는 영양적으로 우수한 식품일 수밖에 없다.

국제식품규격위원회(CODEX)는 '가장 최적의 김치'를 "2~7℃ 정도의 저온에서 2~3주간 숙성시킨 것으로 산도는 pH 4.3, 염도는 1~4%이며 대장균에 의한 오염이 없는 것"으로 규정했다. 제대로 발효된 김치는 항암·항비만·항산화·항노화·항염증 효과는 물론 변비 예방, 장 건강 증진, 프로바이오틱스 활성화, 콜레스테롤 감소, 면역력 증진, 피부 건강 향상, 뇌 건강 증진 등 다양한 효능을 발휘한다고 보고되고 있다.

무기질과 비타민, 식이섬유의 보고

김치에는 칼슘과 철 같은 무기질 성분도 풍부하다. 배추김치 100g에는 칼슘이 50mg, 철분이 0.51mg 함유되어 있고, 미량영양소인 구리·망간·아연·셀레늄 등도 들어 있다. 특히 갓김치는 100g당 칼슘 함량이 103mg, 철분 함량이 0.83mg으로, 칼슘이 배추김치의 두 배 이상 들어 있다. 이는 100g당 113mg의 칼슘을 함유한 우유와 비슷하다.

배추김치는 발효 과정 중 비타민 B군 함량이 변화한다. 배추김치는 발효되면서 비타민 B_1·B_2, 니아신 등이 점차 증가하기 시작해 제대로 숙성한 21일 후에는 초기의 두 배가량에 달하는 최고치에 이르고, 이후부터 점차 감소한다. 이는 미생물에 의한 생합성 덕분에 일어나는 현상이다. 비타민 B_1은 배추김치에 0.05mg%, 깍두기에 0.04mg%, 동치미에 0.01 mg% 들어 있고 비타민 B_2는 각각의 김치에 0.08mg%, 0.06mg%, 0.03mg% 들어 있다.

배추김치의 비타민 C 함량은 초기에는 약 21~27mg%였다가 발효 기간이 길어지면서 9.7~12.6mg%로 낮아진다. 김치의 비타민 함량은 재료와 발효 조건, 미생물의 변화 그리고 환경조건에 따라 달라지는데, 일반적으로 발효 초기에 비해 숙성 시 감소하지만 김치의 발효 과정에서 미생물에 의한 비타민 C의 생합성이 일어나기도 한다.

식이성섬유는 위에서 포만감을 느끼게 하며 장내 수분을 흡착해 변의를 느끼도록 도와주고 배설을 촉진한다. 또 식후 포도당 흡수를 지연시켜 혈당 상승을 억제하고 담즙산 배설을 증가시켜 콜레스테롤 농도를 낮추기도 한다. 배추김치는 100g당 수용성 식이섬유가 1g, 불용성 식이섬유가 3.6g으로 총 4.6g이나 들어 있다. 식이섬유의 하루 권장량은 25g인데, 현대인은 대부분 이에 미치지 못하며 섭취량이 매우 부족한 실정이다. 우리가 주식으로 즐겨 먹는 쌀밥이나 빵에 식이섬유가 전혀 들어 있지 않은 것을 생각하면 상대적으로 김치에는 식이섬유가 매우 풍부하다는 것을 알 수 있다.

힘센 김치 유산균

한국인이 김치를 많이 섭취하던 때에는 유산균 같은 기능성 건강식품을 따로 섭취할 필요가 전혀 없었다. 잘 익은 김치 1g에는 살아 있는 유산균이 1억 마리 이상 함유되어 있다. 특히 김치 국물에는 김치 건더기보다 더 많은 유산균이 들어 있다. 숙성된 김치 국물 1g에 약 5억 마리의 유산균이 들어 있다고 하니 가히 유산균의 보고라고 할 만하다. 김치에 함유된 유산균은 류코노스톡 메센테로이데스를 비롯해 류코노스톡 시트륨Leuconostoc citreum, 류코노스톡 김치아이Leuconostoc kimchii 등 류코노스톡 속 유산균과 락토바실루스Lactobacillus 및 바이셀라Weissella 속 유산균 등 10여 종에 이르며 새로운 김치 유산균이 계속 발견되고 있다.

김치 유산균은 정장 작용과 항균 작용, 돌연변이 억제, 항암 작용 외에도 비타민 B군과 신경전달물질인 GABA(Gamma Amino Butyric Acid)를 생합성하는 기능이 있다. 다른 유해균의 생육도 억제하는데, 특히 유산균이 만든 박테리오신bacteriocin은 변비나 설사·암·고혈압·노화 등의 원인이 되는 부패균, 위염과 위암을 유발하는 헬리코박터 파일롤리균의 생육을 억제하는 것으로 알려져 있다. 특히 김치에서 분리한 류코노스톡 속의 균은 조류인플루엔자 바이러스에 대한 항바이러스 활성이 있는 것으로 보고되었다.

김치와 함께 고기를 먹으면 어떤 효과가 있을까? 실험 동물을 이용해 배추김치가 쇠고기 지방질의 산화에 미치는 영향을 조사한 연구에서 김치가 쇠고기 지방질의 산화를 억제하고 산화 생성물도 감소시키는 것으로 나타났다. 또한 김치 추출물은 리놀레산 같은 지방산의 산화를 막아주는데, 이런 효능은 발효가 진행되면서 더욱 높아져 잘 익은 김치에서 항산화성이 가장 높은 것으로 밝혀졌다. 특히 갓김치의 항산화 효과는 매우 우수하며 김치 부재료로 첨가한 고춧가루, 생강, 마늘도 김치의 항산화성에 기여하는 것으로 알려졌다. 토끼를 대상으로 한 생체 내(in vivo) 연구에서도 동결 건조한 김치를 섭취한 토끼에게서 산화 생성물 함량이 낮아지는 항산화성이 관찰되었다. 이러한 김치의 항산화성 역시 잘 익은 김치에서 가장 뚜렷하게 나타났다.

더불어 만드는 반년 양식, 김장

글·박채린(세계김치연구소 책임연구원)

김장은 한국 주부들의 초겨울 최대 이벤트였다. 친족, 이웃 그리고 좀처럼 음식 만드는 일에 나서지 않는 남성들까지 힘을 합해 반년 양식을 준비했다.

김장 때는 구중 규수도 나온다

많은 양의 김치를 한꺼번에 만드는 김장은 본격적인 추위가 시작되기 전 채소를 수확해 11~12월 약 한 달이라는 짧은 시간에 집중적으로 이뤄진다. 물자가 절대적으로 부족하던 과거에는 밥과 김치 외에 다른 반찬이 거의 없었기 때문에 김치를 '반년 양식'이라 부르며 대규모로 담글 수밖에 없었다. 4~5개월간 한 가족이 먹을 어머어마한 양의 김치를 담그려면 그만큼 많은 인력이 필요했다. "김장 때는 구중 규수九重閨秀도 나온다"라는 옛말이 있다. 구중 규수는 지체 높은 집안의 아가씨를 지칭하는 말인데, 그만큼 바쁘고 할 일이 많아 남녀노소, 지위 고하를 막론하고 도와야 한다는 것을 의미한다.

김장의 복잡한 과정을 일사불란하게 처리하기 위해서는 많은 일손이 필요한 까닭에 한 집에서 김장을 하는 날이면 동네 사람들이 자연스레 참여해 일을 분담하는 김장 공동체가 만들어졌다. 일반적으로는 음식 만드는 일에 남성이 관여하지 않지만 김장 때만큼은 달랐다. 무거운 배추를 나르거나 채소, 소금, 젓갈을 옮기고 항아리를 땅에 묻는 등 힘을 써야 하는 일은 남성이 맡았다.

잔치나 제사 등 경조사로 집에서 큰 손님을 치를 때도 음식 장만을 위한 품앗이가 이뤄졌는데, 이때는 대개 마을에서 음식 솜씨도 좋고 연륜이 풍부한 연장자가 진두지휘를 맡아 의사 결정을 했다. 하지만 김장 품앗이의 지휘만큼은 언제나 김장 주최자가 맡았다. 김장에 들어가는 재료, 젓갈 종류와 양, 양념 배합과 간은 집집마다 천차만별이라 그 누구도 참견하기 어렵기 때문이었다. 어떤 재료를 얼마나 사용하고 어떤 순서로 배합하는지에 따라 발효 과정에서 풍미가 크게 달라지니 한 해 동안 두고 먹을 김치를 취식 당사자들의 의사에 따르지 않고 만들 수는 없는 것이다. 그것은 그 누구도 대신 책임질 수 있는 영역이 아니었다.

김장은 한집안의 고유한 발효 맛을 어떻게 만들어낼 수 있는지 그 과정을 고스란히 다음 세대에게 전수하는 교육의 장이기도 했다. 집집마다 독특한 발효의 맛은 정해진 레시피를 따라 한다고 재현되는 것이 아니며, 혀에 기억이 새

아궁이에 가마솥을 걸고 불을 지핀 뒤 멸치젓을 붓고 양파·마늘·생강은 통째로, 파는 뿌리째 넣어 달인다. 서너 시간 이상 푹 달여 멸치 뼈만 남으면 한지로 거른다. 보성 선씨 종가에서는 이렇게 정성껏 달인 액젓과 새우젓만으로 김장 김치의 간을 맞춘다.

겨져 있어야 재현할 수 있다. 한집안에서 어릴 때부터 함께 먹고 자라며 길든 입맛 공동체라야 공유하는 맛을 전수할 수 있는 것이다. 간장, 된장, 고추장, 식초 같은 발효 식품이 일찍이 대량생산화된 것과 달리 김치만큼은 여전히 가정에서 담근 것을 먹는 비중이 월등히 높은 현상 역시 김장과 김치의 이러한 특수성을 설명해준다.

김장을 마치고 나면 작은 잔치가 열렸다. 김장에 참여한 사람들에게 음식으로 고마움을 표하면서 정을 나누는 시간이었다. 돼지고기를 덩어리째 삶아 크게 썬 뒤 절인 배추와 김칫소로 만든 겉절이에 싸 입안 가득 넣고는 막걸리 한 사발 쭉 들이켜면서 고단함을 풀었다. 김장 후엔 서로 음식을 교환하면서 감사와 정을 나누었다. 김장을 마치고 돌아가는 사람들에게 그날 담근 김치를 들려 보내거나 절임 배추와 남은 김칫소를 싸주기도 했다.

유네스코 무형문화유산, 김장은 아직도 유효한가

식구 수가 줄고, 산업화와 자본주의의 발달로 오늘날 한국에서도 공동체 음식 문화는 거의 사라져가고 있다. 굳이 음식을 한꺼번에 많이 만들어 저장할 필요도 없고, 설사 노동력이 필요하다 하더라도 노동력을 돈으로 살 수 있기 때문이다. 노동력을 화폐로 대신 지불하니 감정 교류도, 유대감 강화도 필요하지 않고, 내가 제공한 노동력을 다시 돌려받지 않아도 되니 공동체적 구속에도 얽매이지 않는다. 공동체 음식 문화가 급속도로 사라질 수밖에 없는 이유다.

공동체 음식 문화의 가치는 단지 노동과 먹거리를 교환하는 것에만 있지 않다. 노동과 음식 교환을 통해 사회적 결연을 유지하는 데 중요한 역할을 한다는 점에 더 큰 의미가 있다. 공동체 음식 문화는 재료 준비와 조리, 함께 식사를 하는 모든 과정이 얼마나 소중한 상호 소통의 순간인지, 저마다 주어진 자연환경에 어떻게 창의적으로 대응하는지를 보여주는 중요한 유산이다. 김치를 대량으로 만들어 나누어 먹는 김장 문화가 유네스코 무형문화유산 대표 목록에 등재된 이유는 사라져가는 인류 공동체 음식 문화의 보편적이고도 핵심적인 가치를 아직 유지하고 있기 때문이다.

라이프스타일의 변화로 김장 인구가 감소하고 담그는 양도 크게 줄었지만 한국인은 새로운 김장 풍속을 낳으며 공동체 음식 문화의 전통을 지켜가고 있다. 노동 교환과 음식 분배 단위가 친족과 이웃이 가까이 모여 살던 마을 공동체에서 가족 공동체로 축소되었을 뿐이다. 도시화, 산업화로 마을 공동체의 결집력이 약화된 대신 멀리 떨어져 살던 가족들이 김장을 이유로 모여 결속을 다지는 것이다. 마치 조상의 제삿날 친족이 모이듯이 엄마의 김치 맛을 좋아하고 기억하는 가족 구성원이 참여해 함께 김장을 하고, 음식을 나누어 먹고, 같이 만든 김장 김치를 배분한다. 가족이 함께 모여 김장 담그는 날은 먼 조상의 제사날에 참여하는 것보다 자발적이고 즐거우며, 내가 1년간 먹을 반찬을 마련하는 실속 있는 날이라는 점에서 결속력이 더 강하다. 봄철 모내기, 가을 추수, 제사 등의 공동체 음식 문화는 거의 사라지고 있지만 아직도 김장을 매개로 한 음식 문화는 변형된 형태로 유지되고 있다.

김치, 세계인의 음식이 될 수 있을까?

2018년 겨울, 한국 평창에서 동계 올림픽이 열렸다. 이 기간에 올림픽을 계기로 각국에서 온 선수단과 외국인 관광객에게 한국 대표 음식인 김치를 제대로 알리기 위한 전시와 체험 행사를 진행한 적이 있다. 김치가 한국을 대표하는 음식이긴 하지만 하필 다른 문화권에서 쉽게 수용하기 어려운 발효 식품인 데다 모양새도 외국 음식과는 상당히 달라 처음 접하는 외국인 입장에서는 난감할 수가 있다. 그래서 김치가 한국만의 배타적 음식이 아닌, 소통과 화합의 음식이라는 점을 부각하기로 하고, '김치, 세계와 통通하다'라는 주제로 세계인과 교류를 통해 완성되는 어울림의 음식 문화라는 관점으로 접근했다. 결과적으로 "세계인이 모여 소통하는 올림픽 정신과 잘 부합한다"라는 평가를 받았다.

김치는 원재료와 부재료의 선택, 젓갈 종류 등으로 분류할 때 가짓수가 300여 종에 이르는데 사실 세계 각지에서 한국 땅으로 들어온 채소를 재료로 썼기에 이렇게 많은 종류가 발달할 수 있었다. 서남아시아에서 들어온 양파와 당근, 중남미에서 들어온 고구마, 중앙아시아에서 온 시금치, 유럽에서 들어온 양배추 등을 김치로 만들어 여러 세대 전부터 먹어왔고, 북한 지역에는 그린 토마토와 래디시로 만든 김치도 제법 보편화되어 있다.

'감추다, 저장하다'의 옛말 '갊다'에 김치 발효의 비밀이 숨어 있다. 김치를 알맞게 갊는 데 가장 좋은 그릇은 독이다. 김치는 영하로 보존하는 것이 이상적이나 4°C를 유지해도 석 달까지 산패를 면할 수 있다. 김치 보존 상한 온도를 가장 가깝게 유지하는 것이 응달에 놓인 독이다.

김치의 핵심 재료인 배추와 고추 역시 중국과 중남미에서 유입된 것으로 짧은 시간 안에 김치의 상징으로 자리매김했다. 한편 이주, 사업, 학업 등 다양한 사연을 타고 전 세계에 진출한 한국인이 현지 환경에 적응하면서 비트, 양배추, 심지어 선인장까지 그 지역의 산물을 이용해 김치를 담그며 현지 문화와 소통했다. 김치가 이처럼 열려 있는 '창의적 소통의 산물'이 될 수 있는 이유는 김치의 배경에 답이 있다. 과거에는 먹거리가 늘 넉넉지 않은 데다가 주로 식량 작물 위주로 농사를 짓다 보니 반찬거리는 항상 부족할 수밖에 없었다. 그런 까닭에 들에서, 산에서, 마당 귀퉁이 텃밭에서 그 계절에 구할 수 있는 것이라면 모두 김치 재료가 되었다. 그러니 오늘날 세계 어느 곳의 채소로도 만들 수 있는 김치야말로 글로벌 음식이라 하겠다.

가장 큰 걸림돌은 김치가 반찬 문화 속에서 탄생했다는 점이다. 맨밥엔 짜고 감칠맛 나는 김치가 제격이지만, 간이 충분히 되어 있는 파스타나 스테이크와는 잘 어우러지지 않는다. 한국인의 육류와 빵 소비가 급증하면서 김치를 먹는 양이 줄어든 것도 같은 이치다. 하지만 육류와 빵 위주의 식사를 할 때 샐러드를 곁들이는 사람이라면 샐러드 대신 김치와 함께 먹는 것을 추천하고 싶다. 이제는 식생활 패턴의 변화에 맞춰 염도를 낮춘 김치도 많이 찾아볼 수 있

다. 삼삼하면서 아삭하게 만든 물김치나 백김치, 보쌈김치 같은 종류는 아예 전채 요리처럼 먹을 수도 있다. 날것보다는 가열 조리한 것이, 가열 조리한 것보다는 발효 음식이 영양 가치와 흡수율이 훨씬 높다. 또 김치는 샐러드에 비해 부피가 적어 같은 양을 먹을 때 상대적으로 더 많은 영양소와 식이섬유를 섭취할 수 있다. 발효 유제품에 비해 훨씬 많은 유산균과 기능성 영양물질은 덤이다.

백김치

석류김치

동치미

한국인이 담백미를 찾아가며 즐기던 백김치,
무에 바둑판 모양의 칼집을 내고 고명을 소복이 올려
배춧잎으로 하나씩 싼 석류김치,
한겨울 살얼음 띄워 음료처럼 마시던 동치미.
최근에는 변화하는 한국인의 식생활에 맞춰 전채 요리처럼 즐길 수
있도록 염도를 낮춘 김치도 선보이고 있다.

옹기의 도움 없이 발효는 불가능하다

글·배영동(안동대학교 민속학과 교수)

① 불을 지펴 구워서 질그릇이나 사기그릇 따위를 만들어내는 일을 일컫는 말로 조선 시대까지 '번조'라는 용어를 썼으나 지금은 '소성'이란 단어가 통용되고 있다. 소성은 일본식 표기이므로 번조라는 용어를 쓰는 것이 바람직하다.

국가지정 무형문화재 정윤석 옹기장의 작업실. 흙으로 그릇 형태를 만든 후 실내에서 말리는 과정이다.

한국인은 발효 음식을 만들기 위해서 자연의 힘을 효과적으로 활용하고 통제할 수 있는 지혜를 쌓아왔다. 발효가 효과적으로 진행되도록 옹기라는 그릇을 사용한 점이 그 가운데 하나다. 흙으로 빚고 불에 구워 만든 옹기는 통기성을 지녀 음식이 자연과 더불어 발효하도록 돕는다.

몇십 년 전까지만 해도 집마다 옹기로 된 간장독, 고추장독, 김칫독이 있었다. 그런데 핵가족화, 아파트 주거 문화 확산, 냉장고 보급 등으로 옹기 수요는 현저히 줄어들었다. 플라스틱 같은 신소재 그릇 역시 편리하고 쉽게 깨지지 않는다는 장점을 앞세워 옹기를 밀어냈다. 김칫독은 땅에 묻어야 하는데 아파트에는 그럴 만한 공간이 없고, 베란다에 장독을 두면 장맛이 제대로 나지 않으니 옹기의 장점을 온전히 누릴 수 없었다.

숨은 쉬되 물은 새지 않는다

토기土器, 도기陶器, 옹기甕器, 자기磁器는 전부 한 부류라고 할 수 있다. 흙으로 그릇 형태를 만들고 불에 구워서 만든 그릇인 까닭이다. 하지만 이들 그릇은 흙의 종류와 상태, 유약을 바르거나 바르지 않는 차이, 불에 굽는 온도에 따라 서로 다르게 명명된다.

이 가운데 토기는 흙 입자가 가장 굵고 번조① 온도가 가장 낮으며, 자기는 흙 입자가 가장 곱고 번조 온도도 가장 높다. 번조 온도는 흙 입자와 성질에 따라서 달라진다. 토기에서 발전한 그릇이 도기이고, 옹기는 도기에서 파생한 것으로 보는 것이 일반적이다. 옹기는 다시 질그릇과 오지그릇으로 나뉜다. 오지그릇은 장인들이 잿물이라고 부르는 유약인 오짓물을 발라서 구운 전형적 옹기로 표면에서 윤이 난다. 반면 질그릇은 일반인에게 훨씬 덜 알려진 옹기로, 오짓물을 바르지 않고 구워 표면이 테석테석하다. 그러니 질그릇은 사실상 옹기 중에서도 도기에 더 가까운 그릇이다.

오짓물을 바르지 않고 구운 질그릇에 물을 담아두면 물이 서서히 샌다.

그래서 질그릇은 액체가 아닌 마른 곡식을 저장하는 데 썼다. 우리의 전통 곡식 저장 용기로는 섬이나 멱서리, 뒤주 등을 들 수 있다. 섬은 이동성이 전혀 없고, 멱서리는 만드는 데 공력이 든다. 게다가 이 둘은 쥐가 쉽게 갉아 먹어서 저장 용기로는 부적합했다. 뒤주는 대개 크기가 커서, 소량 수확한 곡식을 종류별로 담는 데는 불편했다. 그래서 고택의 고방 문을 열어보면 곡식을 담아둔 질그릇이나 오지그릇이 많았다.

전형적인 옹기인 오지그릇은 외형은 반질반질하지만 통기성이 뛰어나다. 옹기가 '숨을 쉰다'는 사실을 어떻게 알 수 있을까? 눈으로 봤을 때는 옹기 속에 담긴 물이 밖으로 새지 않으니 통기성이 있다는 사실이 쉬 믿어지지 않는다. 안쪽의 물이나 간장 같은 액체는 밖으로 새지 않지만, 공기는 드나드는 구조다. 표면에 오짓물을 발라서 불에 구운 것이긴 하지만 전반적으로 물이 새지 않는 작은 구멍이 있다.

미세한 균열이 생긴 옹기나 자기는 물을 담으면 쉽게 물이 새지 않지만 작은 구멍으로 통기는 가능하다. 끓는 물을 부으면 '쏴아 쏴아' 소리를 내는 옹기도 더러 있다. 옹기에 난 미세한 구멍으로 뜨거운 물이 스며들면서 나는 소리다. 옹기 벽에 균일하게 분포하는 수많은 미세한 구멍이 바로 숨구멍이자 통기 장치다.

옛날에는 발효 음식을 죄다 옹기에 보관해 숙성시켰다. 주부들은 수시로 장독 표면을 깨끗이 씻곤 했다. 반질반질한 장독은 주부의 바지런함을 상징하지만, 결과적으로는 이것이 통기구를 깨끗하게 만든 셈이다. 김칫독을 땅속에 파묻을 때도 독 외부를 볏짚으로 감쌌으니, 이 또한 청결하고 안전한 발효에 효과적이었다.

숨 쉬는 옹기를 만드는 기술

옹기를 만드는 장인들은 적당한 통기성과 내구성을 갖추되 물이 새지 않는 옹기를 만들려고 노력한다. 옹기흙을 적절하게 정제하는 과정이 그 시작이다. 부드럽고 차진 옹기흙은 손으로 만졌을 때 모래알보다 큰 이물질이 없도록 준비한다. 처음에 채취한 흙을 체로 쳐서 일정한 굵기 이상의 이물질을 걸러낸다. 이어 반죽을 해 발로 밟아 짓이긴 다음 낫이나 철사로 미세한 두께로 깎아내면서 이물질을 재차 걸러낸다. 지역에 따라서는 옹기흙을 물속에 넣고 휘저어서

정윤석 옹기장이 사용하는 여러 가지 연장. 긴 판장을 넓게 쌓아 올려 옹기의 벽을 만드는데, 이는 세계 유일한 기법으로 전라도에서만 행하는 독특한 방법이다.

잡물을 없애는 '수비水飛'라는 공정을 거치기도 한다. 모래가 섞이면 불에 구운 후 흙과 모래 사이에 틈이 생겨서 그 틈새로 물이 새기 마련이다. 옹기장들은 옹기에서 물이 새는 현상을 "물을 품는다"라고 하고, '물을 품는 옹기'를 불량품으로 분류했다.

통기성은 갖추되 물이 새지 않는 견고한 옹기를 만드는 것은 매우 중요한 기술이다. 장인들이 물레질을 하면서 섬세한 손놀림으로 옹기 만들기를 숙련하기까지 보통 5년이 걸린다고 한다. 숙련 과정은 옹기의 형태미를 완성하는 것 이상으로 통기성 있는 그릇을 완성하기 위한 노력의 과정이다. 그렇다면, 반죽한 옹기흙으로 옹기 형태를 만드는 단계부터 불에 구울 때까지 중요한 기술은 무엇인가?

첫 번째는 옹기 벽에 통기성을 부여해 견고한 형태를 만드는 기술이다. 옹기 벽을 만드는 데는 전국적으로 볼 때 주로 '타림 기법'과 '판장 기법'(쳇바퀴 타림 기법)을 쓴다. 영남 지역에서 일반적으로 쓰는 타림 기법은 옹기흙을 떡가래처럼 만들어 나선형으로 단단하게 밀착시키면서 쌓아 올려 벽면을 만드는 방법이다. 호남 지역에서 많이 쓰는 판장 기법은 옹기흙으로 넓적한 사각형 판을 만들어 원통형으로 감아 벽을 만든다. 대량생산으로 발전하는 데에는 판장 기법이 좀 더 유리하다고 할 수 있겠다. 어떤 방법을 쓰든지 벽면을 만든 다음에는 벽면 안팎을 두드린다. 두드리면 두드릴수록 흙 사이에 있는 기포가 빠져나가면서 밀도를 높일 수 있다.

두 번째는 잿물이라고 부르는 오짓물을 바르는 기술이다. 큰 옹기 독을 겉에서 보면 유약을 발라 반질반질하지만, 독 안에는 유약을 바르지 않는다. 다시 말해서 오짓물을 겉에만 바르지 안에는 바르지 않는다는 사실이 중요하다. 저장한 발효 음식이 옹기 안에서 숨을 쉬기 쉽도록 하고, 옹기 밖에서는 불순물이 침투하지 못하도록 만든 이치다. 이렇게 오짓물을 발라 고온에 구우면 오짓물이 녹아내리면서 표면을 코팅해 물이 새지 않고 견고하게 굳어진다. 물론 뚝배기나 자배기 같은 작은 그릇은 안팎으로 오짓물을 발라 그릇 표면이 쉬이 닳지 않게 만든다.

세 번째는 적당한 온도의 불에 구우면서 통기성을

정윤석 옹기장이 흙으로 빚은 옹기. 표면에는 문양을 그려넣었다. 용수철 문양, 대나무잎 문양, 풀꽃 문양 등 장인에 따라 즐겨 쓰는 문양의 형태가 다르다.

높이는 기술이다. 흙 속에는 유기물이 많이 들어 있는데, 1000℃가 넘는 고온에 구우면 유기물이 녹아버린다. 그러면서 미세한 구멍을 형성하는 것으로 알려져 있다. 애초에 흙 속에 만들어진 적당량의 기포로 통기구가 만들어지고, 유기물이 녹아 없어지면서 또다시 통기구가 만들어지는 것이다.

옹기에 스민 지혜

20세기 한국의 대표적 소설가 황순원이 쓴 <독 짓는 늙은이>라는 소설이 있다. 놀랍게도 독 만드는 것을 "짓는다"라고 표현했다. 한국어에서 '글 짓다' '이름 짓다' '밥 짓다' '옷 짓다' '집 짓다' '농사짓다' 등과 같은 용례가 흥미롭다. '짓는다'는 것은 창의적으로 뭔가를 만드는 것, 생활에 요긴한 생산 활동을 일컫는 말이다. '독 짓다'처럼 옹기 만드는 일은 장인들이 창의적이며 예술적으로 무에서 유를 만들어내는 것이다. 발효 음식을 완성하는 옹기는 그냥 만든 것이 아니라 창의적인 경험 기술의 집적체다.

이제는 옹기가 우리 생활에서 점점 사라져 그 실용적 우수성조차 잊히고 있다. 옹기는 예부터 장독이나 김칫독으로 널리 쓰였고, 김칫독의 원리는 김치 냉장고를 발명하게 한 문화적 자원이다. 거기에도 옹기 제조의 과학적 원리가 반영되었을 것이다. 이런 것이 바로 온고지신溫故知新 아닐까.

장인이 물레질을 하면서 옹기 제작 기술을 숙련하기까지
보통 5년은 걸린다고 한다. 이는 옹기의 형태미 이상으로
통기성 있는 그릇을 완성하기 위한 노력의 과정이다.

정윤석

옹기장

전남 강진 칠량에 자리한 정윤석 옹기장의 작업장은 바다를 마주하고 있다. 1970년대 초까지만
해도 이 마을은 대대로 옹기를 구워 생업을 이어온 옹기 마을이었다. 마을에서 만든 옹기는 배에
실려 바닷길을 통해 전국 각지로 팔려 나갔다. 그렇게 잘 팔리던 옹기가 플라스틱의 등장과
라이프스타일의 변화로 빠르게 잊히면서 이 마을에는 옹기 굽는 집이 단 한 곳만 남게 되었다.
그곳이 옹기장 정윤석의 '칠량봉황옹기'다. 이곳에서 나고 자라 열여섯 살부터 옹기를 만들어온
그는 이 지역의 옹기 만드는 법을 그대로 따르고 있다. 다른 지역에서는 보통 흙을 가래떡
모양으로 길게 빚어 층층이 쌓아 올리는 '타림 기법'(코일링)을 쓰는데, 정윤석 옹기장은 흙을
두드려 길고 납작한 판으로 만든 다음 쌓아 올린다. 전남에서만 유일하게 사용하는 이 기법을
'쳇바퀴 타림 기법' 또는 '판장 기법'이라고 한다. 이렇게 판으로 쌓아 올리면 좀 더 빠르고 쉽게
옹기를 만들 수 있는데, 판을 일정한 두께와 크기로 두드려 만드는 장인의 기술이 뒷받침되어야
가능한 일이다.

정윤석 옹기장이 만드는 옹기는 배가 불룩하다. 장이나 김치를 담는 옹기는 발효에 이로운
모양으로 각 지방마다 다르게 발전해왔다. 일조량이 적은 북쪽 지방의 옹기는 햇빛을 많이 받기
위해 입이 넓고 날씬하다면, 일조량이 풍부한 남쪽 지방의 옹기는 입이 좁고 배가 부르다.

강진 칠량 옹기의 맥을 잇는 정윤석 옹기장은 2010년 국가지정 무형문화재가 되었다. 한국에서
국가지정 무형문화재가 된 옹기장은 그와 경기도 여주의 김일만 옹기장 둘뿐이다.

가정의 제단,
장독대

글 · 이어령(초대 문화부 장관, 문학평론가)

• 이 글은 <우리문화박물지>(이어령 지음, 디자인하우스) 182~185쪽을 발췌해 수록한 것임을 밝힌다.

햇빛과 바람이 드는 양지바른 곳이되, 눈에 잘 띄지 않는 은밀한 곳. 장독대는 이렇게 모순과 융합의 공간이다.

옛날 한국 여성들은 화장대와 장독대의 두 세계에서 자신의 모습을 보았다. 하나는 외면의 얼굴이고 또 하나는 마음의 얼굴이다. 그리고 그녀들은 화장대 앞에서 자신의 아름다움을 가꾸고 지켜갔듯이 장독대 앞에서는 가정의 맛과 화평을 가꾸고 지켜갔다. 장독대가 주부와 그 가정의 내면을 비춰주는 화장대라는 비유가 조금도 과장된 표현이 아니라는 것은 "장맛을 보면 그 집안을 알 수 있다"라는 한국 속담만 보아도 알 수 있다.

화장대 위에는 화장품-분이며 머릿기름이며 향로 등-이 놓여 있지만 장독대에는 크고 작은 장독이 늘어서 있다. 두말할 것 없이 장은 한국 음식의 기본을 이루는 미각소味覺素로서, 장맛 여하에 따라 그 집의 음식 맛이 판가름 난다.

그리고 장맛은 그 주부의 단순한 음식 솜씨라기보다 마음의 정성에서 우러나오는 것이라고 할 수 있다. 아무리 장을 잘 담가도 그것이 발효되는 과정에서 간수를 잘못하면 곧 변질되고 만다. 맑은 날에는 장독 뚜껑을 열어 햇볕을 받아야 하고, 비가 오는 날에는 뚜껑을 닫아 빗물이 들어가지 않도록 해야 한다.

그러므로 주부들의 눈길이 잠시라도 장독대에서 떨어져 있고서는 장맛을 제대로 낼 수가 없다. 장독대로 마음이 향해 있다는 것은 곧 가정을 향한 정성이요, 사랑의 맛임을 알 수 있다. 그러면서도 장독대는 가족만 위해 있는 것도 아니다. 가난한 집이든 부잣집이든 한국 장독대의 가장 깊숙한 곳에는 으레 장독 하나가 숨어 있기 마련이다. 그것은 귀한 손님을 대접하기 위해 헐지 않고 아껴둔 가장 맛있는 장인 것이다.

무엇보다 장독대의 신비는 그것이 이렇게 온 정성을 들여 만들고 지켜온 가정의 보물이면서도 자물쇠로 잠가두는 곳이 아니라는 데 있다. 즉 도둑을 막기 위해 빗장을 걸어두는 곳간이나 벽장과는 다르다는 데 공간의 특성이 있다.

서양 사람들이 포도주를 저장하는 지하실 저장고와는 달리 한국인이 김치나 장류를 담가 보관하는 장독대는 밀폐된 공간에 자리해서는 안 된다. 햇볕과 바람이 있는 양지바른 곳이라야만 한다. 그러면서도 장독대는 남의 눈에 잘

김장독은 보통 부엌 뒤쪽, 빗물이 들어가지 않는 약간 높은 곳에 묻었다. 독 사이를 드나들기 편리하면서도 주변 흙이 독 안으로 들어가지 않도록 사이를 띄워 묻고 짚으로 둘레를 덮어주었다.

띄지 않는 뒤꼍 같은 은밀한 곳에 위치해야 한다.

햇볕과 바람이 들되 은밀한 곳이어야만 저장이라는 제구실을 할 수 있다. 그래서 장독대의 공간은 저 양의성을 지닌 시적詩的 공간, 열려 있으면서도 닫혀 있고, 빛이 있으면서도 동시에 어둠이 있는 모순과 융합의 공간이 된다. 이따금 시집살이 심한 며느리들이 식구의 눈을 피해 눈물 흘리던 곳도 바로 그 장독대였고, 정화수 떠놓고 기도를 올린 신성한 제단 역시 바로 그 장독대였다.

봉선화가 피고 고추잠자리가 날아오는 고요한 공간, 마치 고여 있는 시간처럼 배가 불룩한 장독마다 가정의 평화와 은밀한 이야기를 잉태하는 곳이다.

장독에 왜 금줄을 둘렀나

글 · 정종수(전 국립고궁박물관장)

왜 장독에 금줄을 두르는 걸까?

얼마 전까지만 해도 아기가 태어나면 아버지는 깨끗한 짚을 추려 왼새끼를 꼬아 아들이면 붉은 고추와 숯덩이를, 딸이면 작은 생솔가지와 숯덩이를 달아 대문에 걸어 외부인은 물론 잡귀와 부정을 막았다. 이를 '금줄' '검줄' '좌삭' '삼줄'이라 했다. 금줄은 마을 고사나 치성을 드릴 때도 성聖과 속俗의 경계인 동구 밖은 물론 장독대의 장독에도 치도록 했다.

장을 담글 때는 길일을 고르고 고사를 지내는 등 부정이 타지 않도록 했다. 1809년 빙허각 이씨는 <규합총서閨閣叢書>에 장 담그기 좋은 날, 나쁜 날을 가려 기록으로 남겼다. 특히 장은 정월 말날(午日)에 많이 담갔다. 말날은 열두 동물의 날 중 가장 양기가 강한 날이기 때문이다. 반대로 신辛 자가 들어가는 날 장을 담그면 가시(구더기)가 끼고 맛이 사납다고 하여 꺼렸다. 장맛이 변하면 불길한 징조라 하여 시속에서는 장을 담근 후 세이레(21일) 동안은 상갓집에 가지 않았고, 해산한 여인이나 달거리를 하는 여인은 장독대 근처에 얼씬도 못하게 했다. 장독 안에도 고추와 숯을 넣어 부정을 막았다.

하필 장독에 왜 금줄인가? 부정과 잡귀를 막아 장맛이 상하지 않고 맛을 좋게 하기 위한 것이다. 금줄은 너비 1cm 정도의 새끼줄에 붉은 고추, 검정 숯덩이, 생솔가지, 길이 15〜20cm 안팎의 백지를 끼워 독 윗부분에 두른다. 여기에 종이로 오린 버선본을 거꾸로 붙이기도 한다.

왜 금줄은 왼새끼인가?

한민족이 보통 쓰는 오른손으로 꼰 새끼가 세속적인 줄이라면, 왼새끼는 부정이 없는 신성한 줄이다. 오른손은 늘 쓰기 때문에 속俗을, 왼손은 의례 같은 특별한 경우에만 쓰는 비일상적 손이기 때문에 성聖을 뜻한다. 또 사람의 도道는 오른쪽을, 신의 도는 왼쪽을 높게 여기듯 오른손보다 왼손을 특별하게 여겼다.

왜 고추인가?

고추는 붉은색으로 남쪽을 가리키며, 남방은 불(火)을 상징한다. 붉을 적赤을 풀어 쓰면 큰불(大火)이 된다. 숯은 어떤가? 숯은 불을 일으키는 불씨로 불을 상징한다. 붉은색과 숯은 불을 의미하며, 불은 귀신이 가장 무서워하는 존재라 잡귀와 부정을 막는다고 믿었다. 또 숯에는 미세한 구멍이 수없이 많아 방습 효과와 잡물을 정화하는 효과를 내 장맛을 좋게 하기도 한다. 생솔가지는 나무(木)로 오행의 목성에 해당하며, 방위로는 동방을 뜻한다. 동방은 해가 뜨는 곳으로 소생과 창조를 상징하며, 생생한 기운이 있고 적색과 같이 양의 기운을 가져 음을 누를 수가 있다고 믿었다. 또 솔잎은 바늘처럼 뾰족해 찌르면 귀신이 무서워 침범치 못하리라고 생각했다. 조선 전기 문신 성현은 <용재총화慵齋叢話>에서 "2월 초하룻날은 '화조'라 하여 이른 새벽에 솔잎을 문간에 뿌리면 그 냄새를 벌레가 무서워하고, 솔잎으로 찔러 나쁜 기를 없앤다"라고 했다. 그리고 난데없이 장독에 버선본을, 그것도 거꾸로 붙인다. 이유는? 버선은 발을 의미하며 건강의 상징이다. 동지에 수명장수壽命長壽의 뜻을 담아 며느리들이 시부모에게 버선을 지어드리던 풍속을 '동지헌말冬至獻襪'이라 한다. 나라에서는 임금께 신과 버선을 바쳐 수복을 누리도록 했다. 건강하면 병이 나지 않듯 건강의 상징인 버선을, 그것도 거꾸로 붙임으로써 부정을 막아 장맛이 변하지 않도록 한 것이다.

금줄 문화는 공동체를 살아가는 지혜의 소산으로, 사악함을 쫓는 벽사의 상징이요, 성역의 표시요, 우리 건강을 지켜주는 지킴이었다.

사찰 음식은 간장과 된장 하나로 맛을 내기 때문에 사찰에서
장독대는 특히 중요하다. 공양주 보살 외에는
함부로 드나들 수 없도록 울타리를 쳐놓곤 했다.
전남 순천시에 위치한 한국 삼보三寶 사찰 중 하나인
송광사의 장독대.

김치냉장고 발명 뒷이야기

글 · 전재근(서울대학교 식품공학과 명예교수)

내가 김치 연구와 인연을 맺은 것은 서울대학교 농과대학 석사과정 때(1963년) 연구 과제를 맡으면서부터다. 주제는 '김치 발효 중 세균의 동적動的 변화에 관한 연구'였다. 이 주제로 완성한 논문은 김치 연구를 하는 한국 식품학자들에게는 잘 알려져 있다.

김치가 사회적 문제로 대두된 것은 한국이 월남전에 국군을 파병하면서부터다. 당시 병사들에게 없어서는 안 되는 것 중 하나가 바로 김치였기 때문이다. 그런데 병사들이 먹는 김치를 일본인들이 하와이에서 만들어 공급했다고 한다. 당시 월남 참전 국군 사령관이던 채명신 장군이 김치를 한국에서 공급하지 않는 것을 문제 삼았다. 그러자 박정희 대통령은 김치 통조림을 국내에서 개발해보라고 지시했다. 당시 국방부 급식 자문위원이던 서울대학교 농과대학 김호식 교수가 그 과제를 맡았다. 김호식 교수는 발효 식품의 국내 최고 권위자였으며 나의 지도 교수님이셨다. 그래서 나는 자동적으로 군인들이 전장에서 먹을 수 있는 김치 통조림 개발 연구에 몰두하게 되었다.

이 연구에서 가장 어려운 문제는, 김치가 발효 식품이고 발효 식품의 본질은 세균(유산균)이 번식해 맛을 낸다는 것이었다. 맛이 든 김치를 더 이상 시지 않도록 해야 하고, 그에 맞춰 유산균이 더 이상 자라지 못하도록 해야 한다. 그러려면 유산균을 살균하는 공정의 조건을 확립해야 했다. 살균 공정에는 화학적 방법과 물리적 방법이 있는데 화학적 방법은 방부제인 화학약품을 첨가하는 것이고, 물리적 방법은 가열해서 열에너지만으로 살균하는 가열 살균법을 적용하는 것이다.

화학적 살균법은 간단하고 쉽지만 이렇게 만든 김치를 계속 섭취하면 군인들의 건강을 해칠 위험이 있었다. 그래서 어렵지만 안전한 가열 살균법을 선택했다. 가열 살균법을 적용하려면 김치를 몇 도에서 얼마 동안 열처리하는지 조건을 결정해야 했다. 오랜 연구 끝에 살균 적정 온도는 83℃이고 가열 시간은 15분이라는 사실을 알아냈다. 이렇게 생산한 제품은 약간의 김치찌개 맛이 나는 정도였고 조직과 식감은 비교적 양호했다. 이 김치 통조림의 상업적 생산은

1984년 제일제당과 삼성전자가 협업해
최초의 김치냉장고를 선보였다. 1995년
만도가 만든 딤채가 강남을 중심으로
히트를 치면서 대중화되었다.
이후 진화를 거듭한 김치냉장고는 정온
기술뿐만 아니라 김치 유산균이 가장
잘 자라는 온도를 유지하는 기능까지
선보이고 있다.
사진은 삼성 비스포크 김치플러스.

인천에 있던 인천원예협동조합에서 이루어졌다. 제품을 출하할 때는 상공부 장관이 참석해 축사를 할 정도로 당시 김치 통조림 개발은 국가적 과제였고, 이렇게 제조한 김치 통조림은 월남 참전 용사들이 가장 애용하는 식품이 되었다. 당시 보충역으로 군 복무가 면제된 나는 연구실에서 군 복무를 하는 자세로 최선을 다했다.

김치냉장고의 미래는 밝을까?

김치는 전쟁터뿐만 아니라 일반 가정에서도 큰 문제로 대두되었다. 인구가 증가하고 도시의 인구 집중이 심화되면서 아파트가 대량 공급되었다. 그런데 아파트에는 김칫독을 묻을 마당이 없었다. 그래서 김치가 익은 다음에 저장할 조건을 인위적으로 마련하는 방법이 필요했다. 필요는 발명의 어머니란 말이 있듯이 한국의 식품학자로서 나는 김치 보관 문제를 해결해야 할 필요성을 느꼈고, 이를 위해 김치 발효 전용 냉장고를 연구하기 시작했다. 당시에 등장한 첨

단 컴퓨터 기술을 활용해 김치의 발효 및 숙성과 보존 조건을 구현하는 방법을 연구했다. 결국 김치 발효가 진행되는 과정을 전자적으로 감지하는 방법을 개발했고, 이 기술은 김치냉장고를 개발하는 밑바탕이 되었다. 이 연구 과제는 한국산학협동재단에서 지원했고, 삼성전자는 나에게 김치냉장고 연구를 본격적으로 함께 해보자고 제안했다. 그래서 '김치냉장고의 설계 요소 연구'라는 과제명으로 연구를 계속했다.

　김치냉장고의 기본 원리는 김치를 최적 온도에서 알맞게 발효시킨 후 발효 완료 시점에서 급격히 냉각해 발효를 중단시키고, 그 상태를 오래 보존하는 것이다. 따라서 온장고와 냉장고의 두 가지 기능을 갖추도록 만들어야 한다. 일정 기간은 온장고로 유지하다가 김치가 익을 때쯤 냉장고로 기능을 전환하는 것이다. 당시 최첨단 소재인 마이크로프로세서 microprocessor를 활용해 이런 기능을 완성할 수 있었다.

왼쪽 사진·최적의 김치 맛을 유지하기 위해 필요한 것이 바로 김치 보관 용기. 한국인의 주거 트렌드가 주택에서 아파트로 옮겨가자 땅에 묻는 옹기 대신 냉장고용 플라스틱 김치 통이 각광받았다. 국물이나 냄새가 새지 않는 밀폐 기능과 실리콘 패킹, 손잡이, 변색을 막는 붉은색 등이 공통된 특징이다. 최근에는 스테인리스스틸 김치 통도 많이 선보이고 있다.
사진 속 제품은 내부 발효 가스는 배출하고, 외부 공기는 차단하는 '숨쉬는 에어밸브'가 부착된 락앤락의 '숨쉬는 김치통'.
아래 사진·모던한 디자인으로 인테리어 효과까지 노린 제품도 출시되고 있다. 사진 속 제품은 다이닝룸에 설치한 삼성 비스포크 김치플러스 셰프에디션.

* 참고문헌
H.S. Kim, J.K. Chun, 1966, "Studies on the dynamic changes of bacteria during the Kimchi fermentation, J. Korean Nuclear Sci., 6, 112-118"

이 연구 과정에서 가장 어려운 부분이 김치가 익어가는 것을 전자적으로 감지해내는 기술이었다. 김치가 익으면서 변화하는 산도(pH)를 연속적으로 측정해 알맞게 익으면 발효 온도를 떨어뜨려야 하는데, 여기에 많은 노력이 들었다. 결국 김치가 익을 때 발생하는 가스의 양을 계측해 이를 기준으로 제어 알고리즘(control program)을 개발했다. 이는 국제 특허를 받았고, 이렇게 해서 세계 최초의 김치냉장고가 탄생했다. 특허명은 '김치냉장고의 발효 및 저장 기능 제어 시스템(Development of controller for fermentation and storage of Kimchi) A23B007/10 PA91-11141 KP'이다.

이렇게 만든 김치냉장고가 지금은 대부분의 한국 가정에 보급되었고, 신혼부부들이 꼭 마련하는 혼수품이 되었다. 또 한국의 10대 발명품에 속해 김치냉장고 개발자로서 큰 보람을 느낀다. 식품 가공 기술은 끊임없이 발전하게 마련이고 그 발전 방향은 소비자의 식습관, 생활 방식과 밀접한 관계가 있다. 그리고 식습관은 강한 보수성을 띠기에 한국인이 세계 어느 곳에 살든 한국인의 밥상에서 김치의 자리는 흔들림이 없을 것이다. 그리고 한국인이 전 세계에서 활동하고 김치가 세계적 식품으로 애용되고 있기 때문에 김치냉장고의 미래도 밝다고 본다.

한국인의 젓갈 사랑

글 · 박채린(세계김치연구소 책임연구원)

5~6월 서해안에서 잡은 새우와 소금이
새우젓의 맛을 책임진다.
한국에서는 음력5월에 담근 새우젓인
'오젓'이나 음력6월에 담근 '육젓'을
김치에 주로 쓴다. 육젓은 백김치나
무가 들어간 김치에 넣으면 시원한 맛을
살릴 수 있고, 오젓은 거의 모든 김치에
조금씩 넣어 맛을 잡아준다.

동물성 식재료인 육류를 저장하는 방법도 채소절임 식품의 발달 양상과 비슷하다. 먹거리가 부족할 경우를 대비하기 위해, 겨울이 되면 얻기 어려운 재료를 미리 확보하기 위해 건조하거나 훈제하거나 발효해 저장·보관했다. 이러한 저장 원리는 어느 나라나 유사하나, 문화권별로 조리 방식에 약간 차이가 있다.

육류로는 생고기를 소금에 절여 건조한 하몽jamon과 화퇴火腿, 가축 내장에 고기를 다져 넣어 만든 햄·살라미·소시지 등이 있다. 생선 저장 식품 중에는 대구를 염장 건조한 바칼라우bacalhau, 북유럽의 청어절임(수르스트뢰밍surströmming), 아시아 지역의 어장·젓갈 등이 대표적이다.

농경 사회인 한국의 경우 목축을 통한 육류와 유제품 공급은 거의 이루어지지 않았다. 가축으로 집에서 키우는 소는 농사짓는 데 필요한 귀중한 노동력이었기 때문에 식용하는 경우는 거의 없었고, 사람이 남긴 음식 찌꺼기를 먹는 돼지는 식량이 넉넉하지 않던 시대에 많은 수를 키우기 부담스러웠다. 닭은 매일 낳는 신선한 달걀을 포기하고 먹어야 했으며, 꿩도 산에서 사냥할 수 있는 시기가 한정적이었다. 삼면이 바다인 반도 국가에서 그나마 제약 없이 구할 수 있는 동물성 급원 식품은 해산물이었다.

바다에서 얻은 해산물 중 일부는 말리고, 일부는 소금에 통째로 넣어 채소절임처럼 발효시켰다. 생선을 말리려면 내장을 제거해야 상하지 않는데, 처음엔 손질 과정에서 버리는 내장·아가미·생식소·알 등 부산물을 따로 모아 소금에 절여 젓갈로 만들어 먹었다. 그런데 특별한 그 맛을 선호하는 이가 점점 많아지고 해산물 하나에서 얻을 수 있는 부산물의 양이 적다 보니 더 비싼 값에 팔리기도 했다. 워낙 먹거리가 부족한 시대에 생겨난 역설적 문화다.

어패류를 말리거나 소금에 절이면 보존 기간이 늘어나 내륙 지방 사람도 먹을 수 있었고, 오래 보관해두고 필요할 때 사용할 수 있었다. 소금만 넣어 만들면 젓갈, 소금의 양을 줄이고 곡물을 넣어 발효시키면 식해라고 불렀다.

한국에서 젓갈을 가장 많이 사용하는 음식은 김치다. 젓갈의 주원료인 해산물 종류에 따라, 사용하는 부위에 따라, 담그는 시기에 따라 각양각색의 맛을 지니고 있는 데다가 김치에 넣을 때 어떻게 전처리를 하는지, 얼마나 사용하는 지에 따라 주재료인 채소와 어우러지면서 맛이 천차만별이기 때문에 김치 맛을 좌우하는 핵심 재료가 바로 젓갈이다. 똑같은 무로 담근 깍두기라도 어떤 젓 갈을 썼는지에 따라 새우젓깍두기·대구아가미깍두기·오징어젓깍두기 등으로 이름이 달라지는데, 이는 젓갈이 김치의 정체성에 얼마나 큰 영향을 미치는지 대변하는 것이라 할 수 있다.

김치에 젓갈을 사용하는 조리법은 16세기 기록에서 처음 볼 수 있으나, 일부 계층에서만 향유하던 것이라 보편적 문화로 보기는 어렵다. 1800년대 이후 어염魚鹽 생산량 증가와 어로 기술 발달로 새우젓·조기젓·준치젓·밴댕이 젓·굴젓·민어젓 등 다양한 어종의 젓갈이 보편화되었으며, 김치에 사용하는 젓갈에 지역 특성에 따른 어종과 기호가 반영되면서 김치의 지역성이 도드라 졌다고 할 수 있다.

오늘날에는 대량생산과 유통 발달로 김치에 사용하는 젓갈이 전국적으 로 거의 통일되면서 까나리액젓, 멸치액젓, 새우젓 정도로 한정되어 지역적 구 분이 점점 흐려지고 있다. 하지만 여전히 지역성을 유지하고 있는 곳도 있다. 흰 살 생선이 많이 잡히는 서해안 지역은 새우젓·조기젓·밴댕이젓·준치젓·가 자미젓·갈치젓을 사용하며, 남해안 지역은 주로 붉은 살 생선인 멸치·고노리· 전어 등으로 만든 젓갈을 쓴다. 남해와 서해가 교차하는 전라도 지역은 시원한 맛을 내는 새우젓, 담백한 맛의 황석어젓, 깊은 감칠맛이 나는 멸치젓을 모두 섞되 비율을 조절함으로써 시원함과 담백함, 감칠맛 사이에서 교묘하게 줄타 기하는 듯한 맛이 난다.

한국에서 젓갈은 비단 김치 양념뿐만 아니라 밥반찬, 간장을 대신한 조미 액 등으로 쓰임새가 다양하다. 전통적으로 귀한 생선으로 여기던 조기는 통째 로 소금에 절여 살이 부서지지 않도록 젓갈로 담가두었다가 밥반찬으로 상에 올렸다. 먹을 때 갖은양념을 해 짠맛도 줄이면서 산뜻한 맛을 더하기도 했다. 황석어, 밴댕이, 갈치, 민어도 마찬가지다. 싱싱한 갈치의 내장을 긁어내 살 부 분은 굽거나 조려서 먹고, 내장만 따로 모아 소금에 삭힌 것을 갈치속젓이라고 불렀다. 굴, 조개, 낙지, 꼴뚜기, 게 등의 어패류나 갑각류는 아예 고춧가루와 갖은양념에 버무려 발효시켜 밥반찬으로 먹는다. 간간한 젓갈 조금만 있어도 밥 한 그릇 뚝딱 비울 수 있어 한국에서는 젓갈을 밥도둑이라고도 했다.

김정배

젓갈 명인

'새우젓 제조' 분야에서 대한민국 수산식품명인 제5호로 지정된 김정배 명인은 충남 아산에서
4대째(1932년 창업) 젓갈을 담그고 있다. 명인이 운영하는 '굴다리식품'은 한국 해양수산부가
선정한 전통 수산 식품업체다.

젓갈을 만들 때 가장 중요한 재료는 물론 새우 같은 원재료다. 김정배 명인은 경매장에서 직접
선도를 확인하고 구입한 국내산 해산물만 사용한다. 그리고 해산물만큼이나 중요한 재료가
소금인데, 명인은 2~3년간 간수를 뺀 전라남도 신안의 천일염을 사용한다.

젓갈은 온도와 숙성방법에 따라 맛이 천차만별이다. 김정배 명인은 아버지에게서 전수한
노하우와 오랜 연구 및 경험을 바탕으로 젓갈 숙성 기술을 체득했다. 굴다리식품에는 충남
아산의 자연 지형을 활용해 만든 토굴 숙성실(11~13℃)과 저온 숙성실(5℃)이 있어 젓갈 종류와
염도에 따라 숙성 장소를 달리한다.

명인이 만드는 젓갈 종류는 스무 가지가 넘는데, 그중 단연 으뜸은 새우젓이다. 새우젓은 새우
어획 시기에 따라 그 이름이 다르다. 오젓(음력 5월), 육젓(음력 6월), 추젓(가을), 동백하젓(겨울)
중에서 산란 전에 살이 통통하게 올라 가장 맛있는 육젓을 최고로 친다. 새우젓은 토굴
숙성실에서 100일간 숙성시키는 것이 이곳만의 전통 방식이지만, 최근에는 저염을 선호하는
사람들 입맛에 맞게 염도를 낮춰 저온 숙성실에서 숙성시키는 경우도 많다.

장아찌 예찬

글·박채린(세계김치연구소 책임연구원)

한국인이 주로 여름에 담가 사계절
밑반찬으로 즐겨 먹는 무간장장아찌.

Slow making - Fast eating food, 장아찌

먹거리가 풍부해진 오늘날에도 저장과 장기 보관을 위한 욕망은 사라지지 않
았다. 과거에는 생존을 위한 보존식이 주목적이었다면 지금은 편리를 위한 목
적이 크다. 자주 장을 보지 않아도 되고 갑자기 필요할 때 언제든 쓸 수 있기 때
문이다. 바깥에 내놓으면 금방 시들어버릴 채소도 냉장고에 잘 보관해두면 일
주일쯤은 버틸 수 있고, 가공식품은 완벽한 멸균 처리와 공기 차단 덕분에 실온
에서 몇 개월씩 묵혀도 끄떡없다. 냉동실에 넣어둔 음식을 1년쯤 지나 발견하
더라도 별 탈 없이 먹을 수 있는 세상이 되었다.

과거 먹거리가 부족할 때를 대비하는 차원에서 만들던 저장 발효 식품은
준비부터 완성하기까지 과정만 볼 때는 분명 슬로푸드다. 하지만 오랜 기간 저
장이 가능하기 때문에 일단 한 번 만들어두기만 하면 정작 필요할 때는 그냥 꺼
내어 그릇에 담기만 하면 되니 초간단 패스트푸드가 된다. 현대사회에서 식품
의 장기 저장은 편리성과 직결되는 문제다. 건강을 지키면서도 손쉽게 근사한
상차림을 완성할 수 있는 장아찌 같은 저장 식품은 늘 바빠 음식 준비에 많은 시
간을 할애할 수 없는 데다 동거인도 많지 않은 현대인의 라이프스타일에도 최
적격이다.

여름에도 왜 저장 식품을 만들어 먹었을까?

기나긴 겨울을 나려면 많은 양의 찬거리를 한꺼번에 만들어야 했기 때문에 한
국에는 '김장'이라는 연례행사가 있었다. 하지만 원래 김치나 장아찌 모두 자주
반찬을 만들기 힘들거나 특정 계절에만 나오는 채소를 오래 보관해두고 먹기
위한 것인 만큼 봄, 여름, 가을에도 제철에만 만들 수 있는 김치나 장아찌가 있
었다. 아주 큰 도시에 사는 사람을 제외하고 대부분 농사를 짓던 한국인에게 여
름은 새벽부터 늦은 밤까지 한시도 엉덩이 붙일 새 없이 바쁜 계절이었다. 농사
일에 집안일까지 모두 해야 했던 주부들이 매끼 반찬을 색다르게 준비한다는

• 도움말 및 장아찌 요리
이선미(한국 음식 연구가,
<집밥엔 장아찌> 저자)

건 상상도 할 수 없는 사치였다. 이럴 때 한 번 만들어두고 짧게는 며칠부터 길게는 몇 달까지 두고두고 먹을 수 있는 장아찌는 한 사람의 일손을 너끈히 덜어주는 효자 반찬인 셈이다.

사계절 발효 음식, 장아찌 … 콩을 발효해 감칠맛이 더해지자 소금 사용량을 줄이고도 훨씬 맛 좋은 저장 식품을 만들 수 있다는 것을 체득하면서 장에 절인 장아찌 문화가 크게 발달했다. 젓갈이 동물성 단백질에서 기인한 감칠맛을 낸다면 콩은 식물성 단백질이 분해되어 나오는 감칠맛을 낸다.

겨울 장아찌로 만드는 싱건지와 짠지무침 … 겨울에 무를 소금에 박고 고추씨를 섞어두었다가 여름에 꺼내어 소금기를 뺀 뒤 이것을 채 썰어 양념에 무치거나, 물에 타서 새콤한 식초와 고춧가루, 실파를 넣어 국물김치처럼 먹으면 더위 탓에 잃었던 식욕이 되살아난다.

제철 채소로 만드는 장아찌 … 여름에는 열기를 내려주는 찬 기운의 음식이 제격이다. 오이, 노각, 참외, 박, 수박 등 사각사각한 속살 가운데 씨가 들어 있어 과류瓜類라고 부르는 여름 과채가 여기에 해당하는데, 씨는 도려내고 과육만 된장에 박아두면 된다. 더위에 지치면 입맛이 떨어지고, 섭취가 부실하면 자연히 기력도 더 쇠해진다. 입맛을 돋우는 데에는 조금은 자극적인 맛을 지닌 식재료가 도움이 되는데, 여름에 주변에서 쉽게 구할 수 있는 간장에 절인 깻잎장아찌와 된장에 박은 풋고추장아찌는 완벽한 밥도둑이다.

한국 김치와 장아찌의 최대 장점은 어떤 식재료로도 만들 수 있다는 것이다. 양파, 토마토, 콜라비 등 딱히 어떻게 먹어야 밥과 어울릴지 알 수 없던 재료가 있다면 과감하게 장아찌로 만들어보자. 새로운 맛의 세계가 열릴 것이다.

오이지

풋고추간장장아찌

무간장장아찌

오이지

백오이 30개(1개당 170g 정도)에 끓는 물을 오이가 잠길 만큼 부어
10분간 두었다가 씻어 건진다. 물 6ℓ에 천일염 3컵을 넣고 끓여서
내열 용기에 담은 오이에 붓는다. 여기에 소주 3컵을 넣고 무거운
것으로 누른다. 3~4일 후 절인 물만 따라서 끓인 다음 식혀서 오이에
붓는다. 이 과정을 3~4회 반복한 뒤 냉장고에 보관한다.

풋고추간장장아찌

풋고추 1kg을 꼭지 1cm만 남기고 자른다. 양념이 잘 배도록 고추
윗부분을 이쑤시개로 찌른다. 양파 200g, 마른 표고버섯 2개, 통마늘
30g, 황태 1마리, 생강 20g, 물 5컵을 넣고 중간 불에서 끓여 맛국물을
만든다. 맛국물 2½컵에 진간장·설탕·식초를 3컵씩 넣고 3분간 끓인
후 청주 1컵을 넣고 끓인다. 이렇게 만든 장물을 고추에 부어 냉장
보관한다. 일주일 후 장물만 끓이고 식혀서 붓기를 2~3회 반복한다.

무간장장아찌

무는 3개(5kg)를 반으로 가르고 적당한 크기로 잘라 용기에 넣는다.
진간장 3컵, 설탕 3컵, 물엿 1컵, 소주 1컵을 나누어 넣고 위를 무거운
것으로 눌러놓는다. 2일 후 무에서 나온 장물을 20분 정도 끓인 후
식초 2컵을 넣어 무에 붓는다. 간장물만 끓여서 식혀 붓는 과정을
5~6회 반복한다. 고추, 생강, 마늘을 썰어서 같이 넣어도 좋다.

깻잎된장장아찌

깻잎된장장아찌

깻잎 500g을 꼭지를 1cm 남기고 다듬어 찜기에 넣고 1~2분 찐
다음 물기를 꼭 짠다. 맛술·물엿 1컵씩, 설탕·다진 마늘·생강즙
3T씩 넣고 4~5분간 끓인 뒤 된장 1½컵을 넣고 잘 섞는다. 다시
1~2분간 끓여 양념장을 만든다. 이 양념장을 깻잎 사이사이에
살짝 발라 용기에 담는다. 냉장 보관해 숙성시켜도 좋고, 바로
먹을 수도 있다.

참외된장장아찌

덜 익은 듯한 단단한 참외 5~6개(2kg)를 껍질째 반으로 갈라
씨를 깨끗이 제거한다. 씨가 있던 부분에 설탕·천일염 60g씩을
섞어 넣고 물엿(또는 올리고당) 1컵을 넣는다. 위에 무거운 것을
올리고 1~2일 두어 수분이 빠지도록 한다.
참외만 건져 채반에 널어 그늘에 두거나 식품 건조기에
넣어 30~40℃로 꾸덕꾸덕해질 때까지 말린다. 냄비에
조청·마늘·청주 ½컵씩, 설탕·생강즙 3T씩을 넣고 중간 불에서
5분 정도 끓인 후 된장 2컵을 넣고 조금 더 끓인다. 이때 마른
표고버섯을 살짝 볶아 가루로 만들어 2T 넣으면 감칠맛이
더해진다. 식힌 양념장을 참외에 발라서 용기에 담는다. 냉장
보관해 숙성시킨 참외된장장아찌는 씻고 썰어서 참기름,
깨소금으로 양념해 먹어도 좋다.

감고추장장아찌

단단한 단감 10개를 껍질·씨·꼭지 부분을 제거해 1cm 정도의
두께로 썬다. 채반에 널어 바람이 잘 통하는 곳에서 말리거나,
식품건조기(40℃)에서 18~24시간 꾸덕꾸덕해질 때까지
말린다. 말린 감에 간장 2T을 뿌려 버무린다. 냄비에 물엿 1컵,
청주 ½컵, 생강즙·다진 마늘 3T씩을 넣어 중간 불에서 3분 정도
끓인 후 고추장 2컵을 넣고 잘 섞는다. 다시 1~2분 정도 끓여서
식힌 후 감에 버무려 바로 먹거나 냉장 보관한다.

참외된장장아찌

감고추장장아찌

황태고추장장아찌

미역줄기고추장장아찌

황태고추장장아찌

황태포 300g을 찬물에 재빨리 헹궈 기름을 두르지 않은 팬에서
노릇하게 볶는다. 황태포에 청주·국간장·고운 고춧가루 2T씩을
넣고 버무려서 맛이 들도록 냉장고에서 하루 정도 보관한다. 맛술
½컵, 다진 마늘 3T, 생강즙 2T, 조청 1컵, 설탕 3T을 냄비에 넣고
3~4분간 끓인 후 고추장을 2컵 넣고 잘 섞어 다시 1~2분간 끓인다.
끓인 양념장은 식혀서 황태에 무친다. 황태를 용기에 담고
그 위에 꿀 3T을 뿌려 냉장 보관해 숙성시킨다.

미역줄기고추장장아찌

염장 미역줄기 1kg을 찬물에 씻은 다음 물에 10~15분 정도 담가
짠맛을 뺀다. 끓는 물에 소주 3T을 넣고 미역줄기를 넣어 30초~1분
정도 데친 다음 찬물에 헹군다. 청주 ½컵, 물엿 ½컵, 진간장 1T을
섞어 만든 절임액에 미역줄기를 3~4시간 동안 담가 물을 뺀다. 이때
나오는 물은 사용하지 않는다. 미역줄기를 바람에 살짝 말린다.
냄비에 맛술 1컵, 물엿 1½컵, 다진 마늘 1컵, 생강즙·식초 3T씩을
넣고 끓이다가 마지막에 고추장 1½컵을 넣어 끓인다. 이렇게 만든
양념장을 미역줄기에 버무려 용기에 담는다.

술,
삭히다

뱃속 아기가 발길질하듯 항아리 속 막걸리도 살아 숨 쉰다.
발효실에서 보글거리는 발효의 소리,
살아 숨 쉬는 효모의 소리는 생명의 소리와도 같다.

잘 발효된 막걸리는 쳇다리를 걸친 자배기나 함지박에 술자루를
올려놓은 다음, 물을 쳐가면서 비벼 짠다.
거름망으로 걸러낸 술이 바로 막걸리다.

근본이 좋은 한국 발효주

글 · 허시명(막걸리학교 교장)

농사짓듯 누룩 빚던 한국인

발효주는 효모가 유기화합물을 분해해 알코올을 만들어낸 술을 말한다. 술을 분류하는 영역에서 발효주는 증류주나 혼성주와 구분한다. 한국의 발효주는 주로 곡물을 원료로 사용하는데, 대표적으로 꼽을 수 있는 것이 막걸리·약주·청주다. 이 발효주들을 관통하는 중요한 발효제가 누룩이다.

누룩은 곡물 속 전분을 당화시키기 위해서 반드시 필요한 재료다. 누룩은 습도가 높은 동아시아에서 두루 사용하는 발효제이며, 나라별로 분명한 특징을 지닌다. 한국의 누룩은 날곡물을 분쇄해 물로 반죽한 뒤 단단하게 뭉쳐서 만든다. 그다음 자연 상태에 놓아두고 곰팡이를 번식시키는데 일반적으로 완성된 누룩의 무게가 1kg 안팎이다. 일반 가정에서는 7~8월 삼복더위 때 만들어 사용했다. 삼복 때는 30℃를 오르내릴 정도로 기온이 높고 습도 또한 높아 곰팡이가 잘 피어 누룩 만들기에 좋다. 제사가 잦고 손님이 많이 찾아오는 집에서는 이때를 이용해 한 해 농사짓듯 누룩을 만들어 말려두고 1년 내내 사용했다.

양조장에서 사용하는 누룩은 그 양이 많고 1년 내내 쓰기 때문에 온도와 습도가 잘 관리되는 공간에서 만들어야 한다. 40년이 넘는 전통을 지닌 누룩 제조장으로 광주광역시의 송학곡자, 진주시의 진주곡자 같은 회사가 있는데, 이곳에서는 통밀을 빻아서 둥글게 빚어 띄운 누룩을 양조장에 공급한다. 양조장에서는 전통 누룩과 함께 쌀이나 밀가루를 찐 후 백국균을 뿌려서 40시간가량 곰팡이를 증식시킨 흩임 누룩을 많이 사용한다. 요즘은 누룩 전문 회사에서 대량생산하는 것을 주문해 쓰는 곳이 늘고 있다.

곡물로 빚은 술의 맛과 품질을 평가할 때 누룩은 매우 중요한 요소다. 특히 쌀로 술을 빚을 때는 쌀이 워낙 향이 강하지 않은 재료이기 때문에 누룩이 그 술의 맛과 향에 많은 영향을 미칠 수밖에 없다. 그래서 좋은 술을 빚기 위해서나, 맛과 향이 차별화된 술을 빚기 위해서는 무엇보다 누룩에 특별한 신경을 써야 한다. 또 술을 빚을 때 누룩의 양을 얼마나 사용하느냐, 누룩을 어떻게 법제, 즉 가공 처리하느냐에 따라 술맛이 크게 달라진다.

한국인의 대표 발효주, 막걸리

1988년 서울 올림픽이 열리기 전까지 한국인이 가장 많이 마신 발효주는 막걸리였다. 와인은 포도, 맥주는 보리, 중국 바이주는 수수, 일본 사케는 양조용 쌀로 빚는데, 한국막걸리는 주식용 쌀로 빚는다. 막걸리를 포함한 한국 발효주의 가장 큰 특징이 주식인 쌀로 만든다는 점이다. 주식의 재료를 양조용으로 공유하는 만큼 언제든지 쉽게 술을 빚을 수 있고, 밥상의 음식과도 잘 어울린다.

민가에서 막걸리는 다 익은 술의 윗부분을 청주로 떠내고 난 뒤 밑에 가라앉은 지게미를 체에 걸러내서 얻는다. 그러나 양조장에서 막걸리를 빚을 때는 청주를 분리하지 않고 막걸리만을 위한 술을 빚는다.

청탁을 가리지 않는 청주, 탁주 그리고 약주

약주와 청주는 막걸리보다 고급술로 평가되는데, 막걸리보다 맑고 알코올 도수도 두 배 이상 높기 때문에 같은 재료로 빚어도 막걸리에 비해 생산량이 절반 이하로 줄어든다. 약주와 청주는 관습적으로는 같은 개념으로 사용해왔지만, 법률적으로는 다르게 정의한다. 청주에 약재를 함유하기 시작하면서 자연스럽게 약주라는 표현을 쓴 것으로 보이며, 조선 시대 금주령으로 술을 단속하던 시절에 술을 약이라고 둘러대서 청주를 약주라고 불렀다는 얘기도 전해온다. 또 일제강점기에 일본 사케가 들어오면서 청주의 이미지가 달라지기도 했다. 청주는 맑은술을 의미하며 한자 문화권인 중국, 한국, 일본에서 폭넓게 사용해 온 개념이다. "술 좋아하는 이는 청탁을 가리지 않는다"라는 말이 있는데, 이때 청은 청주, 탁은 탁주를 이른다.

한국 청주의 주요 재료는 쌀과 밀 누룩 그리고 물이다. 청주는 주로 멥쌀로 빚지만 좀 더 감칠맛 나게 하려고 찹쌀을 쓰는 경우도 많다. 제조 방법은 이렇다. 우선 고두밥을 쪄서 식힌 뒤에 누룩과 물을 넣고 버무려 항아리에 담는다. 이것을 겨울철에는 따뜻한 방 안에, 여름철에는 그늘진 마루에 놓아두면 20일 정도 후에 술이 익는다. 술 위에 동동 떠 있던 쌀알까지 가라앉고 나면 대오리나 싸리로 만든 용수를 박아놓고 맑은술을 떠내는데, 그게 바로 청주다. 때로는 자루에 담아서 거르거나 술을 다른 항아리로 옮겨 붓는 방식으로 앙금을 분리해 맑은술을 얻기도 한다. 청주는 재료에 따라 빚는 방법이 다양하다. 주로 멥쌀과 찹쌀을 재료로 사용하는데, 재료의 가공 과정에 따라 맛과 향이 달라진다. 고두밥을 찌는 것이 가장 흔한 방법이지만 그 외에 백설기를 찌기도 하고, 죽을 쑤는가 하면, 구멍떡이나 물송편 또는 범벅을 만들기도 하며, 때로는 생쌀을 익반죽해서 술을 담그기도 한다. 원료를 한번에 섞어 술을 담그는가 하면, 밑술과 덧술로 나눠서 담그기도 하고, 덧술 빚기를 두세 차례 더하는 삼양주나 다양주의 형태를 띠기도 한다.

문헌 속에 등장하는 청주를 보면 대부분 오래 발효시켜 맑게 여과한다. 대표적 청주로는 백일주, 삼해주, 삼오주, 경주 교동법주, 해남 진양주 등을 꼽을 수 있다. 백일주는 발효·숙성 기간이 백일가량 되어 붙은 이름이다. 발효 기간이 길어 맛이 깊고 빛깔이 맑다. 음력 정월 첫 해일亥日에 밑술을 빚고 12일 간격으로 돌아오는 해일에 덧술을 빚는 삼해주나 정월 첫 오일午日부터 두 번째 오일, 세 번째 오일에 걸쳐 덧술을 빚는 삼오주도 대표적인 청주다. 이런 술들은 늦가을이나 겨울에 빚고, 3~4개월의 발효와 숙성을 거쳐 맑게 만든다. 현재 문화재로 지정·계승되는 술 중에서 약재를 사용하지 않고 쌀과 누룩만으로 빚는 맑은 청주로는 경주 교동법주와 해남 진양주를 꼽을 수 있다.

현재 주세법에서는 약주와 청주를 달리 규정하고 있다. 발효제 중 전통 누룩 사용 비율이 원료 사용량의 1% 미만인 것을 청주, 1% 이상인 것을 약주라고 한다. 약주는 야생 효소나 효모의 집합체인 전통 누룩을 주도적으로 사용하고, 청주는 분리 추출한 효소를 쌀알에 배양한 흩임 누룩을 주도적으로 사용한다는 의미가 담긴 규정이다. 그리고 청주는 멥쌀이나 찹쌀만 사용해야 하지만, 약주는 쌀을 포함한 모든 전분질 원료, 즉 과일, 채소, 당분 등을 사용할 수 있다. 다만 약주는 전분질 원료가 전체 재료 중 50% 이상 되어야 하고, 과일과 채소는 20% 이하여야 한다.

과실 향에 취하는 술, 과실주

발효주의 또 다른 영역으로 과실주가 있다. 주세법에서 과실주는 "과실 또는 과즙을 주원료로 사용해 발효시킨 술덧을 여과, 제성한 것 또는 발효 과정에 과실, 당질 또는 주류 등을 첨가한 것"을 말한다. 과실은 과당을 함유하기에 모든 과실로 과실주를 만들 수 있다.

대표적 과실주로 포도주를 꼽을 수 있다. 포도주는 포도나 그 즙액을 발효해 만든 알코올음료다. 조선 시대에도 포도주가 있었는데, 이는 쌀과 누룩·

포도를 섞어 발효한 술이었다. 1610년에 완성한 <동의보감東醫寶鑑>에는 "익은 포도를 비벼서 낸 즙을 찹쌀밥과 흰누룩에 섞어 빚으면 저절로 술이 된다. 맛도 매우 좋다. 산포도도 괜찮다"라고 기록되어 있다. 한국의 전통 과실주에는 누룩도 사용했음을 알 수 있다.

전국 대표 가양주

현재 계승된 전통 발효주는 대부분 집안에서 빚은 가양주나 동네에서 빚은 지역 고유의 술로 전해오다가 오늘에 이르고 있다. 무형문화재나 식품명인이 빚은 술이 대부분 그런 전통 발효주다. 조선 시대에는 주세법이 따로 없어서, 집안이나 주막에서 김치나 장처럼 발효 음식의 한 가지로 폭넓게 빚곤 했다.

그런데 가양주와 지역 술의 전승 구조를 보면 서로 크게 다르지 않다는 점을 발견할 수 있다. 이는 지역 술이 동족촌으로 이뤄진 마을 공간에서 소통되다가 금주령이 심해지거나 주세 단속이 심해지면 집안의 술로 숨어들었다가, 단속이 없으면 마을의 술로 다시 확장되는 양상을 보였기 때문이다. 대표적인 술로 한산 소곡주, 진도 홍주, 해남 진양주 등을 꼽을 수 있다.

그중 하나인 해남 진양주의 경우를 살펴보자. 참 진眞 자를 쓰는 진양주는 참쌀, 즉 찹쌀로 빚은 술이다. 조선 헌종 때 월출산 북쪽의 광산 김씨 집안에 시집온 궁녀 최씨로부터 전승되었는데, 그 집안 딸이 월출산 남쪽의 해남 계곡면 덕정리로 시집와서 해남에 둥지를 틀게 되었다. 덕정리는 솥 모양처럼 생긴 마을이라 여러 군데 우물을 파면 가난해진다 하여 공동 우물 하나만으로 식수를 함께 쓰는 장흥 임씨 동족촌이었다. 덕정리 진양주가 맛있다고 소문나면서 인근 사람들이 술을 받으러 덕정리로 찾아올 정도가 되었다. 하지만 술 단속으로 술 빚는 집들이 사라지면서 덕정리 종갓집만 홀로 술 빚는 집으로 남아 진양주를 계승해왔고, 1994년에 전라남도 무형문화재로 지정되었다.

한식의 마침표, 발효주

한국의 발효주는 담글 때 대부분 흙으로 빚은 옹기를 사용해왔지만, 지금은 스테인리스나 플라스틱 소재의 발효 용기를 함께 쓰기도 한다. 옹기 항아리는

누룩, 찹쌀, 물이 만나 발효주가
되기까지의 변화 과정.
지역에서 생산한 원료를 전통주 제법으로
담아 제대로 된 술 한 병을 선보이는
프리미엄 전통주가 한국 발효주 시장을
선도하고 있다.

1200℃에서 굽는데, 물은 새지 않지만 공기는 미세하게 통하는 구조로 이뤄져 있다. 따라서 공기가 얼마간 통하는 발효에 매우 유용하며, 발효 용기의 유해 물질을 최소화하거나 전통성을 발현하기 위해서도 자주 사용한다.

한국 발효주의 가장 큰 특징은 곡물을 주로 이용하고, 도수가 낮은 막걸리는 농주나 노동주로 즐겨왔으며, 도수가 높고 맑은 약주나 청주는 귀하게 여겨 접대주나 의례주로 사용해왔다는 점이다. 발효주를 빚는 주재료가 한국인의 주식인 쌀이어서 그 맛과 향이 한국인에게 친숙하고, 식탁의 음식과 궁합이 잘 맞는 점도 큰 특징이다.

옛 그림 속 술과 풍류

눈 내리는 밤에는 설야멱과 소주

김홍도, '설후야연雪後野宴', 프랑스 기메미술관 소장

• 이 글은 <옛 그림 속 술의 맛과 멋> (정혜경 지음, 세창미디어)에서 발췌해 재구성한 것임을 밝힌다.

① 곡류를 발효해 증류한 소주는 발효주보다 증류주에 가까우나, 한국인의 술과 풍류를 드러내는 그림 '설후야연'을 설명하기 위해 싣는다.

눈 쌓인 겨울나무 아래 선비와 기생이 방한모까지 둘러쓰고 번철 위에 고기를 굽는다. 아마도 눈 오는 밤에 찾는다는 고기구이, 설야멱雪夜覓이었으리라. 꼬치에 고기를 꿰어 조미한 다음 직화로 굽는 설야멱에는 소주燒酒①가 제격이다. 조선 시대 가장 귀한 식재료인 쇠고기와 잘 어울리는 술은 역시 증류한 소주였다. 소주 중에서도 해일, 즉 돼지날에 귀한 쌀로 세 번 덧술해서 빚은 청주를 다시 증류한 귀한 술 삼해소주가 아니었을까. 한국인은 숯불에 직접 구운 고기 요리가 가장 맛있다는 걸, 그것도 눈 오는 밤 풍류를 곁들여 최고의 술과 함께 즐겨야 한다는 걸 알고 있었다.

강가 회식엔 막걸리로소이다

김득신, '강상회음江上會飮', 간송미술관 소장

버드나무 가지는 훈풍에 나부끼고, 끝없이 뻗어 있는 긴 강의 푸른 물을 바라보며 컬컬한 막걸리를 들이켠다. 강가에서 낚시질로 잡은 물고기를 안주 삼아 펼친 이 자리는 농사일을 잠시 멈추고 먹는 새참이리라. 뒤편에 앉은 사내는 아예 술병을 낀 채 마시고, 오른편 노인은 이를 흐뭇하게 바라본다. 나뭇등걸 뒤 더벅머리 총각은 또래 아이와 눈이 맞자 군침을 꿀꺽 삼킨다. 한가로운 식사에 늘 등장하던 서민의 술, 하나의 술병에서 각자의 술잔으로 정답게 나뉘던 조선 최고의 인기 술, 막걸리가 함께하는 강변의 회식 풍경이다.

금주령에도 항아리에 넘치는 청주

신윤복, '주사거배酒肆擧盃', 간송미술관 소장

"관가에서 내린 금주령이
두려워/도소주조차
담그지 못하네/
백성들이여 그대들이
어찌 알리/큰 항아리에
청주가 넘치는줄을."
- 이덕무, '세시잡영' 중.

조선 영조 때 풍속화가 혜원 신윤복(1758~미상)이 살던 시기 서울의 술집 풍경이다. 트레머리 하고 남색 치마와 짧은 저고리를 입은 주모가 국자를 들고 술을 담는다. 한잔 술에 거나해진 손님들이 떠들썩하다. 이제 떠나려는 참인지 마당을 서성이는 선비 둘이 못내 아쉬운 듯 부뚜막 가를 맴도는 나머지 일행을 재촉한다. 임금이 금주령을 내린 상황에서도 굶주린 백성의 곡식으로 빚은 술을 몰래 마시는 관원들의 탈법과 퇴폐를 풍자한 그림이다. 당시 모습은 유학자 이덕무(1741~1793)의 시 '세시잡영歲時雜詠'에서도 드러난다.

원로들 모임엔 보양주가 제격

작자 미상, '이원기로회도梨園耆老會圖', 국립중앙박물관 소장

1730년경 스물한 명의 노인이 이원梨園(조선 시대 궁중 음악을 맡아보던 기관)에 모여 친목을 도모한 것을 그린 그림이다. 한가운데에 놓인 큰 상 위에는 술병이 가득하다. 이 연회를 위해 미리 빚어 잘 발효시킨 보양주일 것이다. 장수와 건강을 위해 귀한 약재를 넣어 담근 구기자주, 오가피주, 복령주, 천문동주, 지황주, 인삼주 등이 노인들 모임의 술로 자주 등장했다. 그림처럼 각자 외상을 받는 형태는 결혼 60주년에 치르는 '회혼례도'나 노인들의 모임을 그린 '기로회도'에서 많이 보인다. 대부분 술상을 따로 준비해두었다. 당시 귀족들이 사용하던 목이 긴 하얀 주병을 여러 병 두고 언제든 마음 껏 마시라는 풍요로운 술 문화의 일면이 그림에 오롯이 드러난다.

한국인을 이해하려거든
막걸리를 마셔라

글 · 허시명(막걸리학교 교장)

누룩은 단순한 발효제가 아니다.
개량된 누룩이 당화에만 집중한다면
전통 누룩은 당화와 알코올 발효 두 가지
역할을 수행한다. 양조업이 대량생산,
단기간 생산을 추구하면서 전통 누룩의
가치를 외면해온 것이 현실이다.
전통 누룩은 술맛을 깊고 풍부하게
만든다. 공기 중의 다양한 미생물이
누룩에 달라붙어 술맛을 화려하게
만든다.

막걸리는 한민족이 오랫동안 즐겨 마셔온 술이다. 서민의 술이자 노동의 술로
집집마다 쉽게 빚어서 즐겨왔기에 1909년 허가를 받아야 양조할 수 있는 주세
법이 생기고, 1934년 가정이라는 공간에서 술을 빚는 것이 전면 금지됐어도 가
정에서 술을 빚어 마시는 문화는 사라지지 않았다. 막걸리는 주식인 쌀로 빚으
며 도수가 낮고 부드러운 데다 영양가도 풍부해 농사일을 할 때 제공하는 새참
에 많이 곁들였다. 막걸리는 제주나 의례주로도 많이 사용해 한국인을 이해할
수 있는 흥미로운 문화 콘텐츠기도 하다.

탁하지만 정감 넘치는 술, 막걸리

막걸리는 이름이 뜻하는 바처럼 막 거른 술로, '금방 걸렀다' 또는 '거칠게 걸렀
다'는 의미가 함께 들어 있다. 또 술 빛이 탁하기 때문에 탁주와 같은 개념으로
통용되기도 한다. 탁한 술인 막걸리를 마셨다는 기록은 옛 문헌에서도 쉽게 찾
아볼 수 있다. <삼국유사>에 막걸리와 단술을 뜻하는 '요례醪醴'라는 단어가 나
온 것으로 보아 탁주 형태의 술이 삼국시대에도 있었던 것으로 보인다. 1123년
에 중국 송나라 사신으로 고려를 방문한 서긍徐兢이 쓴 <고려도경高麗圖經>에
도 탁한 술에 대한 이야기가 나온다. "고려 사람들은 술을 즐긴다. 그러나 서민
들은 양온서에서 빚은 좋은 술을 얻기 어려워서 맛이 박하고 빛깔이 진한 것을
마신다"라고 수록되어 있다.

막걸리는 탁백이濁白伊, 탁배기, 탁주배기, 탁바리라고도 불렀다. 1924
년에 발행한 <조선무쌍신식요리제법朝鮮無雙新式料理製法>에서는 "탁주라
하는 것은 막걸리라 하기도 하고, 탁백이라 하기도 하고, 막자라 하기도 하고,
큰 술이라 하기도 하나니"라고 했다. 막자는 요즘은 사용하지 않는 말이고, 큰
술은 큰 술잔과 연관된 별칭으로 보인다. 막걸리는 특별한 안주도 없이 큰 술잔
에 마시는 습성이 있어서 대폿술이라고도 부른다. 대폿술의 대포大匏는 큰 바

가지라는 뜻인데, 이를 더 강조해 막걸리를 왕대포라고 부르기도 한다. 그래서 "막걸리 한잔할까?"라는 의미로 "대포 한잔할까?"라는 말을 쓰기도 한다.

막걸리와 탁주와 청주 사이

막걸리는 다 익은 술의 윗부분을 청주로 떠내고 난 뒤 밑에 가라앉은 지게미를 체에 걸러 얻는다. 이때 지게미에 의해 체가 막히면 물을 부어가면서 손으로 걸러낸다. 그러면 물이 섞여 도수가 낮아지고, 미세한 앙금들이 생겨 탁하지만 영양가는 풍부한 술이 된다. 도수가 낮아 쉽게 취하지 않고, 마시면 속이 든든해 농사지을 때 새참으로 마시는 농주로 안성맞춤이다.

막걸리와 탁주는 같은 개념으로 사용하지만 두 단어 사이에는 미묘한 차이가 존재한다. 탁주는 색깔을 보고 지은 명칭이고, 막걸리는 거르는 데 걸리는 시간이나 방식에서 온 명칭이다. 탁주는 주세법에서 개념을 규정하고 있지만, 막걸리는 법적으로 개념이 정해져 있지 않고 탁주 상표로 많이 사용된다.

술을 빚어 완성될 즈음이면 앙금이 가라앉으면서 위에 맑은술이 떠 청주를 분리해낼 수 있다. 막걸리는 앙금째 체로 거칠게 걸러내고, 거를 때 물을 타기 때문에 도수가 낮아진다. 도수가 높은 제품도 나오지만 대부분의 막걸리는 도수가 낮다. 죽처럼 되직해 거를 수 없는 이화주는 탁주에 속하는데, 막걸리에는 속하지 않는다. 이런 점에서 탁주는 막걸리보다 더 넓은 의미로 사용한다고 볼 수 있다.

막걸리는 그 지역에서 쉽게 구할 수 있는 재료로 빚었다. 쌀농사를 많이 짓던 곳에서는 멥쌀이나 찹쌀, 평안도나 함경도에서는 좁쌀이나 수수, 강원도 산간 지방에서는 옥수수, 남쪽 섬 지방에서는 보리나 고구마로 빚었다. 지방마다 재료의 차이는 있지만 곡물로 만든 누룩을 발효제로 사용한 점은 동일하다.

1934년부터 1995년까지 집에서 술을 빚지 못하게 하는 법률이 시행되면서 민가에서 술 빚는 행위는 불법이 되었고, 민가의 다양한 막걸리도 찾아보기 어렵게 되었다. 상품화된 탁주는 포천막걸리, 양주막걸리, 파주막걸리처럼 지역명과 함께 막걸리라는 이름을 붙여 탁주와 막걸리가 동일한 개념으로 사용되었다. 법적으로는 탁주라는 공식어가 있지만 아무래도 서민의 술인 만큼 우리말인 막걸리가 상표로서 더 편하고 친근하게 쓰인 것 같다.

예전에는 집에서 술을 빚으면 청주를 먼저 떠내고 나서 그 밑에 가라앉은

*참고문헌
허시명 지음, <막걸리, 넌 누구냐?>,
위즈덤하우스, 2010.
허시명 지음, <향기로운 한식, 우리술
산책>, 푸디, 2018.
정동효 지음, <우리술사전>, 중앙대학교
출판부, 1995.

지게미와 함께 남은 술을 체에 걸러서 탁주를 만들었지만, 요즘 양조장에서는 청주를 걸러내지 않고 탁주 전용 술을 빚는다. 즉 알코올 도수 15% 안팎 되게 술을 빚어 이를 거칠게 걸러낸 다음 물을 부어 알코올 도수를 6%로 조정한 뒤에 병입한 탁주를 출시한다.

상업적으로 생산하는 탁주의 경우 1960년대 중반 이전까지는 주로 쌀을 주재료로 삼았지만, 1966년부터는 양곡 정책이 본격적으로 적용됨에 따라 수입 밀가루와 옥수숫가루를 주재료로 사용했다. 1990년 술 재료에 대한 제한이 없어지면서 쌀로 만든 탁주가 다시 등장했고, 2009년 이후에는 쌀 소비를 권장하는 국가정책에 따라 쌀로 양조한 탁주가 급격하게 늘어났다. 알코올 도수에 대한 제한도 없어져서 알코올 도수 1% 이상이면서 탁한 상태를 유지하면 모두 탁주라고 칭할 수 있게 되었다.

막걸리는 1988년 이전까지 국내 전체 술 소비량 1위를 차지하던 한민족의 대표 술이다. 알코올 도수가 6% 안팎인 저알코올음료로서 1980년대 이후 병입된 막걸리가 유통되면서 탄산음료의 성격도 갖추게 되었다. 맥주가 보리를 주재료로 만든 저알코올 탄산음료라면, 막걸리는 쌀을 주재료로 만든 저알코올음료다. 탁주는 흰색 또는 아이보리색을 띠는 음료로 알코올 이외의 다른 성분이 많아 농주와 노동주로도 쓰이고, 술이 약한 사람도 쉽게 즐길 수 있는 특징이 있다.

K-푸드 대표 상품, 막걸리

국제적으로 한국 문화에 대한 관심이 높아지면서 한국 음식과 한국 술에 대한 관심도 높아지고 있다. 막걸리 역시 해외에서 찾는 이가 점차 늘어나 해외 수출품이 되었고, 다채로운 디자인을 입은 다양한 도수의 막걸리가 등장했다. 국제적으로 소통하기 위해 막걸리의 공식 표기는 영어로는 'Makgeolli', 일본어로는 'マッコリ'로 단일화해 쓰고 있다.

막걸리의 변신

글 · 이주연(음식 칼럼니스트)

지금, 막걸리는 한국에서 가장 오래되고도 새로운 술로 평가받는다. 전 세계가 그렇듯 한때 한국에서도 맥주가 자국의 술을 밀어내고 대중의 술로 자리 잡으며 막걸리의 인기는 사그라졌다. 특히 맥주 맛에 길든 현대의 젊은 사람들에게 막걸리의 단맛과 점성은 낯설게 느껴졌다. 무엇보다 시대에 뒤처지는 디자인과 주 소비층이 기성세대라는 사실이 더해지면서 막걸리는 점점 더 낡은 옛것으로 인식됐다. 그런데 최근 막걸리가 맥주보다 더 감각적인 술로 귀한 대접을 받는 추세다. 그 배경에는 한반도를 강타한 뉴트로newtro 열풍이 있다.

'레트로retro'에 '뉴new'를 결합한 신조어 뉴트로는 기성세대의 산물을 젊은 세대가 새롭게 인지해 자신만의 감각으로 재해석하는 경향을 뜻한다. 한국 젊은이들에게 맥주보다 자국의 술인 막걸리가 낯설어 오히려 더 신선하다는 이야기다. 아예 그 매력에 빠져 막걸리 양조에 뛰어든 젊은이들이 생겨나면서 막걸리는 세련되고 감각적인 술로 거듭나는 중이다.

한국 정부는 2016년 주세법을 개정하며 막걸리에 소규모 주류 제조 면허를 허용했다. 적은 자금으로 막걸리를 빚어 판매할 수 있게 되자 많은 이가 막걸리 시장에 도전장을 내밀었고, 그 결과 자연스럽게 세대교체가 일어났다. 또 막걸리 등 일부 전통주에 한해 정부가 온라인 판매를 허가한 것도 온라인 쇼핑에 익숙한 젊은 층의 심리적 거리감을 줄이는 데 한몫했다.

막걸리 변신의 선두 주자들

젊은 양조자들은 기존의 양조자들이 수입산 쌀에 아스파탐 등 인공 첨가물을 사용해 저가의 제품을 생산하는 데 회의를 느꼈다. 바야흐로 다양성과 개성의 시대다. 국내산 쌀과 전통 누룩을 사용해 타국의 술과 차별성을 강화하는 한편, 맛과 향에 개성을 입히기 위해 노력하고 있다. 이는 크래프트 브루어리처럼 소규모여서 더 가능한 일. 신진 양조자들은 젊은이들이 약재 냄새와 혼동하기 쉬운 누룩 냄새를 잡고, 전분에서 발생하는 점성과 단맛을 제어하는 한편, 와인

젊은 막걸리 트렌드를 선도한 복순도가의 탁주, 손막걸리, 약주. 복순도가 탁주는 탄산 없이 걸쭉하며 맛이 진하다. 손막걸리는 항아리 속 저온 발효 과정에서 생긴 천연 탄산의 청량미가, 약주는 전통 곡자 방식으로 빚어 맑은 풍미가 특징이다.

처럼 다양한 향과 맛·색·탄산감을 부여했다.

대기업과 기존 양조자들도 소비자의 요구에 부응하며 변화를 꾀했다. 1인 가구의 증가로 편의점에서 장을 보는 '혼술족'이 늘자 국순당은 막걸리를 350ml 캔에 담아 편의점을 중심으로 유통했다. 또 청포도 향을 가미한 3도짜리 캔 막걸리 '아이싱'을 출시하기도 했다. 최근에는 다양한 맛과 사이즈·도수의 막걸리가 편의점에 비치되면서 젊은 세대가 막걸리를 선택하는 확률이 높아졌고, 양조장 투어가 외국인의 한국 여행 필수 코스로 자리 잡기도 했다.

막걸리를 체험하라

체험형 소비 시대가 열리면서 막걸리 양조장과 교육 시설에서 술에 얽힌 이야기를 듣고 직접 막걸리를 빚어보는 원데이 클래스가 눈길을 끌고 있다. 또 서울을 중심으로 소규모 양조장을 겸한 막걸릿집들이 생기면서 스테인리스 통에서 막걸리가 익는 광경을 바라보며 술을 마시는 즐거움도 생겨났다. 특히 크래프트 브루어리에 익숙한 외국인에게 이는 더욱 특별한 경험을 안겨준다.

규모가 작은 만큼 얼마든지 개성을 입힐 수 있는 신진 양조장은 재료를 고르는 일부터 의미를 둔다. 최근에는 서울시의 유일한 쌀 브랜드 '경복궁 쌀'을 활용해 메이드 인 코리아를 넘어 메이드 인 서울을 구현한 크래프트 막걸리가 출시됐다. 맛과 향도 제각각이다. 최대한 물을 섞지 않아 밀도가 높은 막걸리부터 복잡한 여과 과정을 거친 맑은 막걸리까지 선택의 폭이 넓어졌다. 맛과 향 또한 와인처럼 테이스트 노트를 완성할 수 있을 만큼 스펙트럼이 넓어졌다.

박복순

막걸리 장인

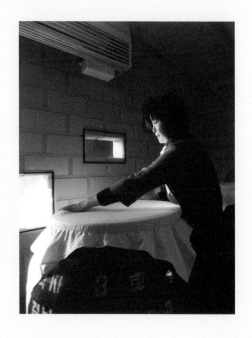

농가의 술이라는 의미에서 '농주農酒', 일하는 사람이 마시는 술이어서 '사주事酒'라 부른 막걸리.
예부터 한국의 농민들이 집에서 담가 가양주로 즐긴 막걸리를 복순도가 창업주 박복순 씨도
집안에서 내려오는 방식대로 빚어왔다. 통밀을 으깨 누룩을 만들고, 50~70년 된 항아리에
술을 담그는데, 시어머니가 해오던 방식대로 항아리에 담가 23~30일간 숙성한다. 안쪽에
유약을 바르지 않은 항아리라 한 번 쓴 후 볏짚을 태워 소독하고 햇볕에 말린 후에야 다시 쓴다.
"경상도에서 만든 누룩으로 전라도에서 술을 빚으면 맛이 들지 않는다"라는 시어머니 말씀대로
술맛의 기본은 그 지역에서 생산한 햅쌀과 직접 만든 누룩으로 지킨다.

이 소박한 가양주가 '막걸리계의 돔 페리뇽'이라는 별칭을 얻으며 프리미엄 막걸리로 이름을 높인
데는 두 아들의 역할이 컸다. 뉴욕 쿠퍼 유니언에서 '발효 건축'이라는 주제로 졸업 논문을 끝내고
돌아온 큰아들 김민규 씨는 술도가의 설계와 건축, 제품 디자인, 브랜딩을 도맡았다. "니 마음도
삭히봐라"라는 할머니 말씀처럼 마음도 발효시키는 한국인의 정서를 양조장 건축과 제품,
브랜드 전반에 녹여냈다. U.C 버클리에서 수학을 전공한 작은아들 김민국 씨는 양조를 배워가며
최적의 맛을 찾기 위해 실험을 거듭했다. 그리하여 2010년 박복순 씨의 이름을 딴 '복순도가'가
세상에 나왔는데, 풍성한 탄산미와 은은한 과일 향은 입을, 모던한 막걸리 병 디자인은 눈을
사로잡았다. 복순도가는 설립 2년 만인 2012년 서울 핵안보 정상회의 공식 건배주로 선정되었다.
복순도가는 여전히 대량생산하기 위해 방부제나 인공 균을 넣지도 않고, 스테인리스 통이라면
72시간 만에 너끈히 발효되는 것을 항아리에 넣어 23~30일간 발효를 기다린다. 마음도 삭이고,
화도 삭이는 한국인에게 막걸리라는 술의 소중함을 알기에 결코 기본을 버릴 순 없다.

전국
대표
발효주

왼쪽부터

- 대한민국 식품명인 제22호 양대수의 대통대잎술. 국내산 쌀과 10여 가지 한약재를 섞어 빚은 다음 담양의 대통에 담아 숙성한다. 대잎술(왼쪽에서 다섯 번째)은 도수가 낮아(12도) 더 부드럽고 단맛이 감돈다.

- 술 빚는 데 적합한 온도와 습도를 갖춘 해발 400m의 부산 금정산성마을에서 만드는 금정산성 막걸리.

- 백제 시대부터 전해진 한산소곡주의 맥을 대한민국 식품명인 제19호 우희열이 잇고 있다. 백제가 멸망하자 유민들이 이 술을 빚어 마시며 한을 달랬다고 한다.

- 조선 시대 왕실에서 비밀리에 전수된 궁중 술을 대한민국 식품명인 제13호 남상란이 재현한 민속주왕주.

- 예부터 사찰에서 내려온 백련곡차를 대한민국 식품명인 제79호 김용세가 현대적으로 복원한 백련막걸리 미스티. 발효 과정에서 백련잎을 첨가해 맛이 은은하고 부드럽다.

왼쪽부터

- 대한민국 식품명인 제48호 송명섭이 빚은 생(生)막걸리. 첨가물이 없어 단맛이 거의 나지 않는다.

- 하동 정씨 집안에서 500년 전부터 내려온 솔송주. 지금은 대한민국 식품명인 제27호 박흥선이 빚는다. 솔잎, 송순과 함께 발효해 은은한 솔 향이 감돈다.

- 인삼으로 유명한 금산에서 생산한 4년근 이상 인삼으로 빚는 금산인삼주. 대한민국 식품명인 제2호 김창수가 제조한다.

- 오메기(좁쌀의 제주도 방언)를 누룩과 함께 발효해 윗부분의 맑은 술만 떠내 숙성한 제주오메기맑은술. 대한민국 식품명인 제84호 김희숙이 제조한다.

- 조선 초 임금에게 진상하던 김천과하주. 지금은 대한민국 식품명인 제17호 송강호가 빚는다. 무더운 여름을 탈 없이 날 수 있는 술이라는 뜻이 담겨 있다. 독특한 향과 약간의 단맛, 신맛이 난다.

문의·식품명인체험홍보관 02-6927-3005, blog.naver.com/kfmcenter

담그고
삭혀
만든
일상 한식

김치를 담그기 전

1. 절임

배추 크기, 소금양, 계절과 온도에 따라 절이는 시간이 각각 다르다. 일반적으로 배추 무게의 10% 정도를 소금 분량으로 준비한다. 예를 들어 배추가 3kg이면 소금은 300g 정도 필요하다. 물 2L에 먼저 소금 150g을 풀어 배추를 담그고, 나머지 소금 150g을 배추 줄기 사이사이에 4~5회 정도 나눠 뿌린다.

2. 숙성·보관 온도

김치 숙성 과정에서는 밀폐가 무엇보다 중요하다. 김치를 밀폐 용기에 담고 윗부분을 배추 겉잎으로 덮어 보관하면 다 먹을 때까지 감칠맛을 유지할 수 있다. 김치의 숙성 기간은 먹는 이의 김치 취향에 따라 달리하면 된다. 보통 김치를 15℃에서 36시간 1차 숙성시킨 후, 4~8℃에서 20일 정도 숙성시키면 김치 국물 1g에 1억~10억 마리 정도의 유산균이 생성되어 최고의 김치 맛을 느낄 수 있다. 보관할 때에는 4~5℃의 일정한 온도를 유지해야 가장 맛있게 먹을 수 있다.

3. 찹쌀풀 만들기

찹쌀을 물에 2시간 정도 불렸다가
물과 찹쌀을 7:1 비율로 섞어 끓인
다음 완전히 식혀서 사용한다.
찹쌀풀 대신 흰쌀밥을 동량으로
대체해도 된다.

4. 밀가루풀 만들기

물 10T에 밀가루 1T을 넣고
저어가며 끓인 다음 식혀서
사용한다.

5. 다시마 물 만들기

물 1L에 다시마 15g을 넣고
끓이다가 7~8분 후에 다시마를
건져내고 완전히 식혀서 사용한다.

6. 새우액젓 만들기

새우젓 1컵에 물 1컵을 붓고 끓인
다음 건더기를 꾹 눌러 짜낸 후
국물만 사용한다.

7. 멸치 가루 만들기

중간 크기의 멸치를 반으로 갈라
내장을 제거하고 기름을 두르지
않은 팬에 볶거나, 햇볕에 말려
믹서에 간다(멸치 비린내를 없애는
과정). 백김치나 국물김치를 제외한
김치에 넣으면 김치가 익으면서
깊은 맛을 낸다.

8. 마른 고추 갈기

꼭지를 떼어낸 마른 고추 100g을
2~3회 씻어 가위로 3~4등분한
다음, 다시마 물 100g과 함께
믹서에 넣고 간다. 넉넉히 만들어
냉동 보관한 후 필요할 때마다
사용한다.

* 1컵=200g

통배추김치

준비하기

주재료
배추 9kg, 절임용 물 6L,
절임용 천일염 900g

부재료
무 1kg, 배 500g, 갓 200g, 쪽파(또는
대파 흰 부분) 200g, 미나리 150g

양념
다시마 물 2컵, 찹쌀풀 1컵,
고춧가루 350~400g(취향에 따라 조절),
다진 마늘 60g, 다진 생강 60g,
검은깨 2t, 멸치 가루 1t

젓갈
생새우 200g, 멸치액젓 200g,
황석어젓 150g, 새우젓 80g, 소금 약간

만드는 법

❶ 배추는 밑동에 칼집을 내 손으로 벌려
반 가른다. 분량의 물에 천일염 450g을
풀어 녹인 다음 배춧잎 사이사이에
소금물을 끼얹으며 담갔다 뺀다. 배추
줄기 부분에 나머지 소금을 켜켜이
뿌린다. 큰 통에 배추 단면이 위로
향하도록 차곡차곡 쌓고 남은 소금물을
붓는다. 5시간이 지나면 위아래 배추의
위치를 뒤집은 다음 다시 5시간을 절인다.
다 절인 배추는 흐르는 물에 세 번 정도
헹궈 소금기를 없애고 채반에 엎어
물기를 뺀다.

❷ 무와 배는 2mm 굵기로 채 썰고, 갓·
쪽파·미나리는 각각 4cm 길이로 썬다.

❸ 생새우는 옅은 소금물에 씻어 건져
물기를 뺀 다음 칼 단면으로 으깬다.

❹ 분량의 양념 재료에 새우젓을 다져
넣고 멸치액젓, 황석어젓, 으깬 생새우,
②의 무·배·갓·쪽파·미나리를 넣어
버무린다.

❺ 배춧잎 사이사이에 ④의 김칫소를
고루 넣고 겉잎으로 배추 전체를
둘러싸서 단면이 위로 오도록 통에
담는다.

❻ 통의 5분의 4 정도 담고 푸른 겉잎을
덮어 공기가 통하지 않도록 꼭꼭
눌러준다.

배추를 반으로 갈라 통으로 담근 김치를
말한다. 김장철에 기본적으로 담그는
김치로, 지방마다 또 집집마다 양념이
다 다르다. 통배추김치에서 가장 중요한
재료는 배추다. 요즘에는 배추를 1년
내내 구할 수 있지만, 속이 꽉 차고 수분
함량이 낮아 당도가 높으며 고소한 가을
배추로 담가야 김치 맛이 가장 좋다.
양념에 다시마 물을 더하면 배추와
무에서 나오는 시원한 맛을 살릴 수 있다.
생새우는 깊은 맛을 내준다.

전통 백김치

준비하기

주재료
배추 4kg(2kg짜리 2포기), 절임용 물 2L,
절임용 천일염 400g

부재료
무 500g, 배 300g, 쪽파 50g, 미나리 30g,
실고추 5g, 마늘 10g, 생강 5g,
밤 20g, 대추 10g, 석이버섯 5g,
찹쌀풀 ½컵, 새우액젓 4T, 소금 1T

국물
생수 3L, 새우액젓 4T, 다진 마늘 30g,
생강즙 1t, 소금 40g

만드는 법

❶ 배추는 밑동에 칼집을 내어 손으로 벌려 반 가른다. 분량의 물에 천일염의 반을 풀어 녹인 다음 배춧잎 사이사이에 소금물을 끼얹으며 담갔다 뺀다. 배추 줄기 부분에 나머지 소금을 켜켜이 뿌린다. 큰 통에 배추 단면이 위로 향하도록 차곡차곡 쌓고 남은 소금물을 붓는다. 3시간이 지나면 위아래 배추의 위치를 뒤집은 다음 다시 2시간을 절인다. 다 절인 배추는 흐르는 물에 세 번 정도 헹궈 소금기를 없애고 채반에 엎어 물기를 뺀다.

❷ 무와 배는 2mm 굵기로 채 썰고, 쪽파와 미나리·실고추는 3cm 길이로 썬다. 마늘과 생강, 밤, 대추, 석이버섯은 곱게 채 썬다.

❸ ②의 재료에 찹쌀풀, 새우액젓, 소금을 넣고 잘 섞는다.

❹ 국물 만들기: 생수에 새우액젓과 다진 마늘, 생강즙, 소금을 넣고 잘 섞은 다음 체에 밭쳐 걸러둔다.

❺ 넓은 그릇에 배추를 놓고 사이사이에 ③의 김치소를 넣은 다음 겉잎으로 잘 싸서 김치통에 차곡차곡 담는다.

❻ ⑤에 ④의 국물을 붓는다.

고춧가루를 넣지 않고 담그는 김치로 매운맛을 즐기지 않는 사람에게 추천한다. 고춧가루를 넣은 김치보다 빨리 익으므로 한 끼에 한 포기씩 먹을 수 있도록 작은 배추로 담그는 것이 좋다. 백김치 국물은 깨끗하고 맑게 만드는 것이 포인트이므로 새우액젓만 넣고 전체 간은 소금으로 한다. 찹쌀풀, 새우액젓, 소금으로 양념한 배추를 상온에서 하루 정도 익힌 다음 국물을 부으면 맛이 더 잘 밴다.

파프리카 백김치

주재료 배추 2kg, 절임용 물 1L, 절임용 천일염 200g, 파프리카(빨강·주황·노랑) 각각 70~80g, 피망 1개

부재료 무 500g, 배 250g, 쪽파 50g, 마늘 10g, 생강 5g, 찹쌀풀 ½컵, 새우액젓 2T, 멸치액젓 1T, 소금 1T, 검은깨 1t

국물 생수 2L, 다시마 물 1컵, 새우액젓 2T, 다진 마늘 1T, 생강즙 1t, 토판염 26g

달큼한 맛이 나고 비타민이 풍부한 파프리카를 더해 새롭게 만든 백김치다. 빨강·주황·노랑 파프리카의 색감이 화려해 한층 먹음직스럽다. 전통 백김치와 마찬가지로 한 끼에 한 포기씩 먹을 수 있도록 작은 배추를 사용하고, 찹쌀풀과 새우액젓, 소금으로 양념한 배추를 상온에서 하루 정도 익힌 다음 국물을 부으면 맛이 더 잘 밴다.

깍두기

준비하기

재료

무 5kg, 절임용 토판염 125g,
고운 고춧가루 약간

양념

쪽파 75g, 고운 고춧가루 ½컵,
고춧가루 1컵, 찹쌀풀 1컵,
새우젓 1컵, 생새우 100g,
다진 마늘 125g, 다진 생강 25g,
새우 가루 1T, 검은깨 1T,
토판염 5g

만드는 법

❶ 무는 육질이 단단하고 표면이 매끈한
중간 크기로 고른다. 잔뿌리를 떼어내고
솔로 문질러 겉에 묻은 흙을 씻어낸 후
가로세로 2cm 크기로 깍둑썰기한다.

❷ 무에 토판염을 뿌리고 1시간 정도 절인
다음 헹구지 말고 체에 받쳐 물기를 뺀다.
고운 고춧가루를 뿌려 고춧물을 들인다.

❸ 쪽파는 무와 비슷한 2~3cm 길이로
썬다.

❹ 분량의 양념 재료를 모두 섞는다.
이때 생새우는 다져 넣고 고춧가루가 불
때까지 10분 정도 둔다.

❺ ②의 무에 ④의 양념과 쪽파를 넣고
버무린다.

한국 가정에서 흔히 먹는 김치 중 하나로,
무를 정사각형으로 깍둑썰기해 담근다.
절인 무를 물에 씻으면 무의 단맛이
빠져나가므로 무를 절인 다음 헹구지
말고 체에 받쳐 물기만 뺀다. 절인 무를
씻지 않으므로 천일염 중에서도 가장
좋은 토판염을 사용해야 한다. 무에 달린
무청은 절이지 말고 같이 썰어 넣어도
맛있다. 겨울철에는 굴을 넣고 담그기도
한다.

총각무김치

준비하기

재료

총각무 2kg, 절임용 물 1L,
절임용 토판염 100g

양념

쪽파 80g, 고춧가루 60g,
마른 고추 50g, 다시마 물 100g,
찹쌀풀 ½컵, 배 100g, 마늘 80g,
생강 20g, 생새우 100g,
멸치액젓 60g, 멸치생젓 20g,
새우젓 20g, 멸치 가루 1t

만드는 법

❶ 분량의 물에 토판염을 녹인 후
총각무에 끼얹어 5시간 정도 절인다.
중간에 위아래 무의 위치를 한 번
뒤집는다. 이때 무가 크면 열십자로
칼집을 내서 1시간 정도 더 절인다. 절인
무는 헹구지 말고 그대로 건져 체에 밭쳐
물기를 뺀다.

❷ 쪽파는 2~3cm 길이로 썬다.

❸ 믹서에 마른 고추, 다시마 물, 찹쌀풀,
배, 마늘, 생강, 생새우, 멸치액젓,
멸치생젓을 넣고 간다.

❹ ③에 고춧가루와 멸치 가루를 넣고 갠
다음 쪽파와 새우젓을 넣고 섞는다.

❺ ①의 총각무에 ④를 골고루 바르고,
칼집을 냈으면 그 사이에도 바른다.

❻ ⑤의 총각무를 3~4개씩 모아 잡아
김치통에 차곡차곡 담는다.

무청이 길게 늘어진 생김새가 총각의
댕기머리 같다고 해서 이름 붙인
총각무로 만드는 김치다. 총각무는
한국의 토종 무로 '알타리무'라고도
하는데, 단단하고 아삭아삭 씹히는
식감이 일품이다. 일반 무보다 톡 쏘는
맛이 강한 것도 특징. 총각무를 절인 다음
헹구지 말고 그대로 건져 사용하는 것이
중요한데, 물에 씻으면 단맛이 빠지고
풋내가 날 수 있기 때문이다.

나박김치

재료

알배추(또는 배추의 노란 고갱이) 500g,
무 500g, 절임용 천일염 40g,
배 500g, 마늘 30g, 미나리 20g,
쪽파 20g, 풋고추 1개, 홍고추 1개

국물

생수 2L, 고운 고춧가루 1T,
찹쌀풀 ¼컵, 다진 마늘 30g,
다진 생강 30g, 소금 30g

만드는 법

❶ 알배추는 가로세로 3cm 크기의
정사각형으로 썬다. 천일염을 뿌리고
1시간 동안 두었다가 흐르는 물에 헹구고
소쿠리에 건져 물기를 뺀다.

❷ 무는 가로세로 2cm, 3mm 두께로
썬다. 무와 쪽파에 나머지 천일염 10g을
뿌려 30분간 절인 다음 헹구지 말고 체에
건져 물기를 뺀다.

❸ 배는 껍질을 벗겨 씨를 뺀 다음 반은
강판에 갈아 즙으로 만들고, 나머지 반은
무와 같은 크기로 썬다.

❹ 마늘은 편으로 썰고, 미나리는 2~3cm
길이로 썬다. 풋고추와 홍고추는 반으로
갈라 씨를 뺀 다음 2~3cm 길이로
어슷하게 썬다.

❺ 국물 만들기: 볼에 생수를 붓는다.
베보에 고운 고춧가루를 싸서 생수에
넣고 조물조물 문질러 고춧물을 낸다.
여기에 ❸의 배즙, 찹쌀풀, 다진 마늘과
다진 생강, 소금을 넣고 섞는다.

❻ 김치통에 ❶의 배추, ❷의 무, 썰어놓은
배, 마늘을 담고 ❺의 국물을 체에 밭쳐
부은 다음 ❷의 쪽파를 타래 지어 넣는다.
미나리와 풋고추, 홍고추도 띄운다.

무를 얇고 네모지게 잘라 담그는
물김치다. '나박나박'이라는 단어가
채소를 납작납작 얇고 네모지게 썬
모양을 의미한다. 한국에서는 예부터
음력 정월, 설 명절에 나박김치를 많이
담가 먹었다. 원래 색을 내기 위해 당근을
넣었는데 무와 함께 쓰면 비타민 C가
파괴될 수 있어 요즘에는 풋고추와
홍고추를 올려 색감을 낸다. 기호에
따라 먹기 직전에 사과를 나박나박 썰어
넣어도 좋다.

동치미

준비하기

재료
무 2kg(500~600g짜리 무 3~4개),
절임용 천일염 100g, 쪽파 25g,
미나리 25g, 갓 25g, 청각 50g,
배 ½개, 마늘 50g, 생강 10g, 삭힌 고추
50g(구하기 힘들면 생략 가능)

국물
생수 3L, 토판염 39g

만드는 법

❶ 무는 무청을 떼어내고 잔털과 밑동을
정리한 다음 솔로 문질러 씻어 물기를
뺀다. 연한 무청은 남겨놓는다.

❷ 무를 반으로 갈라 천일염을 뿌려
10시간 정도 절인 다음 헹구지 말고 체에
밭쳐 물기를 뺀다.

❸ 쪽파, 미나리, 갓은 무 절인 소금물을
활용해 숨이 죽을 때까지 절인 다음
헹궈서 물기를 빼고 타래를 지어놓는다.

❹ 청각은 물에 5분 정도 불린 다음
씻어서 물기를 꼭 짠다.

❺ 배는 껍질째 씨를 뺀 후 8등분하고,
마늘과 생강은 편으로 썬다.

❻ 김치통에 ②의 무를 차곡차곡 담고
삭힌 고추와 ③, ④, ⑤를 중간중간 넣는다.

❼ 생수에 토판염을 풀어 잘 녹여 국물을
만든다. ⑥의 무가 뜨지 않도록 돌로
누르고 그 위에 국물을 살그머니 붓는다.

한국의 겨울철에 나는 작고 단단한
무를 사용해 담그는 대표적 물김치다.
동치미 국물에는 반드시 생수나
지하수를 사용해야 한다. 수돗물을
써야 할 경우에는 7시간 정도 받아두어
염소 성분이 날아가게 한다. 토판염을
물에 녹여 1.3~1.5% 정도의 염도를
맞춰야 국물이 개운하고 톡 쏘는 탄산
맛을 느낄 수 있다(냉장 보관할 경우).
배와 청각을 넣으면 시원한 맛이 나고,
유자나 석류를 넣으면 한층 고급스럽고
향기로운 맛을 더할 수 있다. 동치미는
예부터 더부룩한 속을 시원하게 내려주는
소화제로 활용하기도 했다. 살얼음이 낀
동치미에 말아 먹는 국수는 겨울철 별미
중 별미였다.

오이소박이

준비하기

재료
오이 10개, 물 1L, 소금 75g

양념
부추 200g, 홍고추 2개,
찹쌀풀 50g, 멸치액젓 50g
고춧가루 50g, 다진 마늘 50g,
다진 생강 1t, 멸치 가루 1t,
통깨 약간

만드는 법

❶ 분량의 물에 소금을 넣어 녹인
다음 오이를 담근다. 중간에 아래위를
뒤집어가며 5시간 정도 절인다.

❷ 절인 오이는 흐르는 물에 씻어 건져
물기를 빼고 앞뒤 꼭지를 자른다. 오이
가운데에 길이대로 길게 칼집을 3개 낸다.

❸ 부추는 1cm 길이로 썰고, 홍고추는
반으로 갈라 씨를 빼고 채 썬다.

❹ 나머지 양념 재료는 모두 섞고
고춧가루가 불 때까지 20분 정도
두었다가 부추와 홍고추를 넣어
버무린다.

❺ 오이에 낸 칼집 사이사이에 ④의
소를 채운다. 이때 너무 많이 넣으면
지저분하므로 적당량을 넣는다. 손에
양념을 묻혀 오이 겉면에 살짝 바르듯이
문지르며 김치통에 차곡차곡 담는다.

한국에서 여름철 별미로 담가 먹는
김치다. 여름에 많이 나는 백오이를
사용해야 쉽게 무르지 않고 아삭아삭한
김치를 담글 수 있다. 오이는 자르지 않고
통으로 절인 다음 양 끝을 잘라야 오이
맛이 빠져나가지 않는다. 오이에 미리
칼집을 내고 절이면 시간을 절약할 수
있다. 오이소박이는 숙성시키지 않고
바로 먹어도 맛있다.

오이송송이

재료 오이 1kg, 부추 100g

세척과 절임 세척용 물 1⅓L,
세척용 식초 1T, 절임용 물 ½컵,
절임용 천일염 50g

양념 다시마 물 ¼컵, 찹쌀풀 30g,
멸치액젓 ¼컵, 고춧가루 30g,
마른 고추 간 것 15g, 다진 마늘 30g,
다진 생강 5g, 홍고추 1개

오이를 송송 썰어서 양념에 버무려 바로
먹는 김치로, 오이로 만드는 겉절이라고
할 수 있다. '송송'은 연한 물건을 잘게
빨리 써는 모양을 나타내는 말이다.
크기가 작고 씨가 없는 피클용 오이로
담그면(이때 절이는 시간도 줄여야 한다)
더 아삭아삭한 식감을 즐길 수 있다. 먹기
직전에 참기름을 살짝 뿌려도 좋다.

열무김치

준비하기

재료
열무 2kg, 절임용 물 1L,
절임용 토판염 50g, 쪽파 30g,
홍고추 2개

양념
다시마 물 1컵, 마른 홍고추 50g,
배 200g, 마늘 60g, 청양고추 50g,
생강 10g

국물
생수 1L, 토판염 13g, 밀가루풀 20g

만드는 법

❶ 열무는 뿌리를 다 잘라내지 말고 작은 칼끝으로 지저분한 밑동만 살살 긁어서 손질한다. 손질한 열무를 5~6cm 길이로 자른다.

❷ 분량의 물에 토판염을 풀어 녹인 후 열무가 잠기도록 붓고 절인다. 중간에 한 번만 뒤집는데 자꾸 뒤집으면 풋내가 날 수 있다. 다 절인 다음 물에 헹구지 말고 체에 밭쳐 물기를 뺀다.

❸ 쪽파는 5~6cm 길이로 썰어 열무 절인 소금물에 넣고 40분 정도 절인다.

❹ 마른 홍고추는 꼭지를 떼고 가위로 자른 다음 씨를 털어낸다. 배는 껍질을 깎아 깍둑썰기하고, 청양고추와 생강은 작게 썬다. 이 재료들을 다시마 물, 마늘과 함께 믹서에 넣고 간다.

❺ 국물 만들기: ④에 생수와 토판염, 밀가루풀을 넣고 섞는다.

❻ 홍고추는 반으로 갈라 채 썬다.

❼ 절인 열무와 쪽파에 ⑤의 국물을 넣고 버무린 다음, 채 썬 홍고추를 넣는다.

'어린 무'를 뜻하는 열무로 담그는 국물 김치다. 한국에서는 여름철 식탁에 빠짐없이 올라온다. 젓갈을 넣지 않아 담백한 맛이 나고, 청양고추를 넣어 맵싸한 맛이 일품. 매운맛을 좋아하지 않으면 홍고추나 풋고추를 갈아 넣어도 된다. 열무가 찬 성질이라 찹쌀 대신 밀가루풀을 사용한다. 잘 익은 열무김치에 삶은 소면을 말아 먹거나, 보리밥에 올려 참기름을 약간 떨어뜨려 비벼 먹으면 입맛 없는 여름철 별미로 더할 나위 없다.

루콜라 김치

재료 루콜라 300g, 당근 30g, 양파 50g, 풋고추 1개, 홍고추 1개

양념 다시마 물 2T, 간장 1T, 멸치액젓 1T, 고춧가루 1T, 다진 마늘 1T, 참기름 2T, 깨소금 2T

알싸한 맛과 향을 지닌 루콜라로 담그는 김치로, 열무김치 대용으로 담가 먹으면 좋다. 주로 샐러드나 피자에 넣어 먹는 루콜라는 한국의 전통적인 김치 재료는 아니지만, 얼마나 다양한 채소로 김치를 담글 수 있는지 보여주는 좋은 예가 된다. 루콜라를 소금에 절이지 않고 액젓을 넣은 양념에 버무려 바로 먹는다. 오래 저장해두고 먹기보다 샐러드처럼 신선하게 바로 먹는다.

무싱건지

재료

무 2.5kg, 절임용 토판염 60g,
쪽파 50g, 풋고추 6개, 홍고추 3개

양념

배 300g, 사과 200g, 마늘 50g,
생강 20g, 다시마 물 2½컵, 찹쌀풀 1컵

국물

생수 2.5L, 마늘 25g, 생강 10g,
소금 30g

만드는 법

❶ 무는 가로세로 5×2cm, 3cm 두께로
썰어 토판염을 뿌리고 1시간 정도 절인
다음 헹구지 말고 체에 밭쳐 물기를
뺀다. 무를 절인 소금물에 쪽파를 절인 후
씻어서 물기를 뺀다.

❷ 믹서에 배, 사과, 마늘, 생강, 자투리
무(썰고 남은 무) 300g 정도, 다시마 물,
찹쌀풀을 넣고 간다.

❸ 김치통에 ①의 무를 넣은 후 ②를
베보에 담아 짜서 국물만 붓는다.
베보에 남은 건더기는 그대로 끈으로
묶어놓는다.

❹ 국물 만들기: 생수에 소금을 풀고
마늘과 생강을 편으로 썰어 넣은 후 ③의
김치통에 붓는다.

❺ 풋고추와 홍고추는 채 썰고, 쪽파는
타래 지어 ④에 넣는다. 무 위에 ③의 베보
묶은 것을 덮어 눌러놓는다. 이렇게 하면
무가 국물에 잠겨 공기와의 접촉도 막고
맛도 좋다.

무를 통째로 사용하는 동치미와 달리
막대 모양으로 잘라서 담그는 물김치다.
'싱건지'는 전라도에서 물김치를 이르는
말. 동치미는 주로 겨울철에 담그고,
무싱건지는 여름철에 시원한 물김치가
먹고 싶을 때 담근다. 젓갈 대신 소금으로
깔끔하고 심심하게 간을 맞춘다.

양파김치

준비하기

재료
양파 1kg, 멸치액젓 ½컵,
다시마 물 2T, 찹쌀풀 2T,
고춧가루 2T, 마른 고추 간 것 25g,
다진 마늘 ½T, 다진 생강 ½t,
새우젓 2T, 생새우 간 것 20g,
멸치 가루 ¼T,
절인 배춧잎 약간

만드는 법

❶ 양파는 줄기가 달린 것으로 구입해 뿌리를 자르고 껍질을 벗긴 다음 열십자로 칼집을 낸다. 줄기 달린 양파를 구할 수 없으면 알이 작은 양파로 준비한다.

❷ 큰 그릇에 양파를 담고 멸치액젓을 부어 2시간 정도 절여 숨을 죽인다.

❸ 절인 양파는 건지고, 남은 멸치액젓에 다시마 물, 찹쌀풀, 고춧가루, 마른 고추 간 것, 다진 마늘, 다진 생강, 새우젓, 생새우 간 것, 멸치 가루를 넣고 섞어 양념을 만든다.

❹ ③의 양념에 절인 양파를 넣고 버무린다. 이때 칼집 사이에 양념이 배어들도록 살짝 벌리며 넣는다.

❺ 양파 줄기를 하나씩 돌돌 말아 김치통에 차곡차곡 담은 후 절인 배춧잎을 덮는다. 절인 배춧잎이 없으면 랩으로 덮어 공기를 차단한다.

통양파를 줄기째 사용해 담그는 김치다. 한국에서는 4~5월 초 전남 무안 지역에서 나는 단단하고 야문 양파를 사용하면 좋다. 양파 줄기까지 사용하므로 파는 따로 넣지 않는다. 숙성시키지 않고 바로 먹어도 좋은데 특히 고기 요리에 곁들이면 잘 어울린다.

쪽파김치

준비하기

재료
쪽파 1kg, 멸치액젓 100g,
다시마 물 35g, 찹쌀풀 ½컵,
고춧가루 100g,
마른 고추 간 것 50g, 다진 마늘 10g,
멸치생젓 35g, 멸치 가루 약간

만드는 법

❶ 쪽파는 뿌리 부분을 자르고 큰 그릇에 가지런히 담은 후 멸치액젓을 부어 20~30분 정도 숨을 죽인다. 이때 쪽파 머리 부분이 멸치액젓에 더 잠기도록 그릇을 기울이면 좋다.

❷ 쪽파는 건져내고, 남은 국물에 나머지 재료를 모두 넣어 섞는다.

❸ 큰 그릇에 쪽파를 가지런히 놓고 손으로 뒤적이며 ②의 양념을 골고루 바른 다음 김치통에 담는다. 한 끼 분량씩 묶어서 넣어도 된다.

맵싸한 맛이 나는 쪽파로 담그는 김치다. 쪽파는 흰 부분이 통통하고 단단한 것이 매운맛과 단맛을 강하게 지녀 김치 담그기에 좋다. 멸치액젓과 멸치생젓을 같이 넣어 감칠맛을 한층 돋우고, 다진 마늘로 향을 낸다. 쪽파 자체에 매운맛이 강하기 때문에 생강은 넣지 않는다. 담가서 바로 먹기도 하지만 푹 익힐수록 맛이 깊어진다.

부추김치

재료 부추 1kg, 멸치액젓 ½컵,
마른 고추 50g, 다시마 물 ¼컵,
고춧가루 3T, 찹쌀풀 ½컵,
멸치생젓 ⅓컵, 다진 마늘 20g,
다진 생강 10g, 멸치 가루 약간

쪽파의 매운맛을 싫어하거나 쪽파를 구하기 힘들 때 쪽파김치 대신 담가 먹으면 좋다. 부추를 소금 대신 멸치액젓에 절이는데, 이때 절이고 난 멸치액젓은 양념을 만들 때 다시 사용하니 버리지 않도록 한다. 김치용 부추는 줄기 부분이 길고 굵은 것으로 고른다. 담가서 바로 먹거나 푹 익혀도 맛있고, 설렁탕이나 곰국에 밥과 함께 말아 먹기도 한다. 부추는 강장 효과가 있어 몸이 허한 여름에 담가 먹으면 좋다.

미니양배추김치

준비하기

재료
미니양배추 3kg,
절임용 토판염 80g

양념
쪽파 20g, 고운 고춧가루 ½컵,
고춧가루 ½컵, 다진 마늘 3T,
다진 생강 1t, 찹쌀풀 2T,
생새우 100g, 새우젓 ½컵,
새우 가루 1T, 멸치액젓 1T,
검은깨 2T, 토판염 20g

만드는 법

❶ 미니양배추는 반으로 자르고 토판염을 뿌려 1시간 정도 절인다. 체에 밭쳐 물기를 뺀 다음 고운 고춧가루를 뿌려 고춧물을 들인다.

❷ 쪽파는 미니양배추와 같은 길이인 2~3cm로 썬다.

❸ 나머지 양념 재료를 모두 섞는다. 이때 생새우는 다져서 넣고, 고춧가루가 불 때까지 10분 정도 둔다.

❹ ③의 양념에 ①의 미니양배추와 쪽파를 넣고 버무린다.

일반 양배추보다 비타민이 풍부한 미니양배추로 간단히 만들 수 있는 김치다. 미니양배추는 1시간 정도만 절인 다음 양념 재료를 한 번에 섞어 버무리기만 하면 완성된다. 숙성시키지 않고 바로 먹기에 좋다.

양배추물김치

재료
양배추 2kg, 절임용 토판염 100g,
콜라비 1개, 당근 100g, 쪽파 50g

양념과 국물
배 500g, 사과 300g,
마른 고추 100g,
마늘 100g, 생강 20g,
다시마 물 2컵,
찹쌀풀 1컵, 생수 4L,
토판염 48~52g

만드는 법

❶ 양배추는 먹기 좋은 크기로 썰어서
토판염을 뿌려 하룻밤 정도 절인 후
씻어놓는다.

❷ 콜라비와 당근은 나박썰기하고,
쪽파는 2~3cm 길이로 썬다.

❸ 믹서에 배, 사과, 마른 고추, 마늘, 생강,
다시마 물, 찹쌀풀을 넣고 간다.

❹ ③에 생수 1L를 넣어 잘 섞고 베보에
밭쳐 국물을 거른다.

❺ 김치통에 ①의 양배추와 콜라비, 당근,
쪽파를 켜켜이 담고 ④의 국물을 붓는다.

❻ 생수 3L에 토판염을 녹인 다음 ⑤의
통에 붓고 섞는다.

주로 여름에 배추 대신 양배추를
주재료로 간편하게 담가 먹을 수 있는
김치다. 국물을 맑게 만들기 위해 베보에
걸러서 넣고, 젓갈 대신 토판염으로
간을 맞춰 깔끔한 맛을 낸다. 푹 익혀
먹기보다는 양배추의 아삭한 식감이 살아
있을 때 먹는 것이 맛있다.

깻잎김치

준비하기

주재료
깻잎 500g, 물 2½컵, 소금 15g,
식초 ½T

부재료
쪽파 25g, 배 50g, 양파 15g,
당근 15g, 밤 15g

양념
다시마 물 ½컵, 찹쌀풀 ¼컵,
멸치액젓 ¼컵, 간장 ¼컵,
고춧가루 ¼컵, 다진 마늘 50g,
다진 생강 10g, 통깨 1T

만드는 법

❶ 분량의 물에 소금과 식초를 풀고
깻잎을 담가 30분간 절인 다음 물기를
꼭 짠다.

❷ 쪽파는 송송 썰고, 배·양파·당근·밤은
각각 채 썬다.

❸ 양념 재료를 모두 섞은 다음 ②를 넣고
골고루 버무린다.

❹ ①의 깻잎을 2장씩 놓고 ③의 양념을
발라 차곡차곡 통에 담는다.

깻잎을 간장과 멸치액젓으로 양념해
담그는 김치다. 만드는 법이 비교적
간단하고 숙성 과정 없이 바로 먹을
수 있으므로 수시로 조금씩 만들어
밥반찬으로 먹기에 좋다. 깻잎김치에
멸치를 얹어 쪄 먹으면 별미로 즐길 수
있다.

우엉김치

준비하기

재료
우엉 400g, 대파 50g,
멸치액젓 ½컵, 생수 ½컵,
식초물 적당량

양념
찹쌀풀 ½컵, 고춧가루 3T,
다진 파 1T, 다진 마늘 2t,
다진 생강 1t, 소금·통깨 약간씩

만드는 법

❶ 우엉은 껍질을 벗겨 5cm 길이로 납작하게 썰어 식초물에 살짝 데쳐 건진다.

❷ 대파는 2~3cm 길이로 어슷하게 썬다.

❸ 멸치액젓에 생수를 붓고 끓여 체에 밭쳐 식힌 다음 양념 재료를 모두 넣고 섞는다.

❹ ①②의 우엉과 대파에 ③의 양념을 넣고 버무린다.

우엉의 향과 식감을 즐길 수 있는 별미 김치. 우엉은 섬유소가 질겨 식초물에 살짝 데쳐 사용하는데, 씹는 맛을 즐기고 싶으면 데치지 않고 사용하기도 한다. 멸치액젓에 생수를 붓고 끓이는 이유는 액젓의 비린 맛을 덜어내고 우엉의 향을 살리기 위해서다. 숙성시키지 않고 바로 먹어도 좋다.

과일복쌈김치

준비하기

주재료
배춧잎 10장, 절임용 물 3컵,
절임용 천일염 50g

부재료
무 150g, 배추속대 150g, 절임용
천일염 10g, 배 100g, 사과 100g, 밤 1개,
미나리 10줄기, 미나리 데침용 물 1L,
미나리 데침용 소금 1T, 은행 10개,
잣 30~40개

양념
고운 고춧가루 15g, 찹쌀풀 1T,
새우액젓 1T, 다진 마늘 10g,
다진 생강 ½t, 토판염 5g

국물
생수 1L, 배즙 ½컵, 토판염 12g

만드는 법

❶ 분량의 물에 천일염을 풀어 배춧잎을
담가 3시간 정도 절인 다음, 흐르는 물에
세 번 정도 헹구고 체에 밭쳐 물기를 뺀다.

❷ 무와 배추속대는 가로세로 2cm
크기로 썬 후 천일염을 뿌려 30분 정도
절인다.

❸ 배는 껍질을 벗기고 사과는 껍질째
각각 가로세로 2cm 크기로 썬다. 밤은
껍질을 벗겨 편으로 썬다.

❹ ②와 ③에 양념 재료를 모두 섞어 넣고
함께 버무린다.

❺ 미나리는 줄기만 끓는 물에 소금을
넣고 살짝 데쳐 찬물에 헹군 다음 물기를
꼭 짠다.

❻ ①의 배춧잎을 깔고 ④를 2T 정도
올린 다음 잣 3~4개, 은행 1개를 얹고
배춧잎을 오므린다. 데친 미나리 줄기로
감아 묶는다. 같은 방법으로 10개를
만든다.

❼ 김치통에 ⑥을 담고, 분량의 재료를
섞어 국물을 만들어 붓는다.

사과와 배 등의 과일을 넣은 김칫소를
배춧잎에 보자기처럼 싸서 국물을 부어
먹는 김치다. 과일은 계절에 따라 달리
넣을 수 있는데 사과, 배, 석류, 유자, 단감
등 향이 나고 즙이 많은 과일이 좋다. 단,
과일이 발효를 촉진하므로 오래 보관하며
먹기는 힘들다. 식사 때마다 몇 개씩 꺼내
먹는다.

석류김치

준비하기

주재료
동치미 무 1kg(500g짜리 무 2개),
무절임용 굵은 천일염 30g, 배추 겉잎
10장, 배추절임용 물 200g, 배추절임용
천일염 50g

부재료
미나리 10줄기, 미나리 데침용 물 1L,
미나리 데침용 소금 1T, 무채 200g,
배 100g, 밤 20g, 마늘 20g, 쪽파 15g,
대추 2개, 생강 5g, 석이버섯·실고추·잣·
검은깨 약간씩, 새우젓 1T, 새우젓 국물
1T, 멸치액젓 1T, 소금 약간

국물
생수 3컵, 다시마 물 2컵, 배즙 ½컵,
마늘즙 ½T, 토판염 10g

만드는 법

❶ 무는 양 끝을 잘라내고 1.2cm 두께로
썬다. 무절임용 천일염을 뿌려 2시간
정도 절인다. 절인 무에 바둑판 모양으로
칼집을 낸 다음 다시 30분 정도 절인다.
물에 헹구지 말고 체에 밭쳐 물기를 뺀다.

❷ 배추 겉잎은 보자기로 쓸 넓고
푸른색으로 10여 장 고른다. 배추절임용
물에 천일염을 녹이고 배춧잎을 3시간
동안 담가 절인다. 흐르는 물에 세 번 정도
헹군 다음 체에 밭쳐 물기를 뺀다.

❸ 미나리는 줄기 부분만 분량의 끓는
물에 소금을 넣고 데친 다음 물기를 짠다.

❹ 배·밤·마늘·생강은 곱게 채 썰고,
쪽파는 3cm 길이로 썬다. 대추는 씨를
빼서 돌려 깎아 채 썰고, 석이버섯은 물에
불려 물기를 꼭 짜서 곱게 채 썬다.

❺ 미나리를 제외한 부재료를 모두 섞은
다음 ①의 무의 칼집 사이에 채워 넣는다.

❻ 볼에 데친 미나리 줄기를 열십자로
깔고 그 위에 배춧잎 2장을 서로 엇갈리게
겹쳐 깐다. ⑤의 무를 하나씩 올리고
배춧잎을 위로 말아 올려 덮어 싼 다음
미나리 줄기로 묶어 매듭짓는다.

❼ 김치통에 ⑥의 석류김치를 한 개씩
포개어 담는다. 분량의 재료를 섞어
국물을 만들어 살그머니 붓는다.

칼집을 낸 무에 고명을 얹은 모양이 마치
활짝 벌어진 석류 열매 같다고 해서
이름 붙은 김치다. 고명을 소복이 올린
무를 하나씩 배춧잎으로 싼 후 미나리로
묶으면 보기에도 예쁘고 한 사람씩
나눠 먹기에도 좋다. 주로 일반 무보다
작은 동치미 무를 사용한다. 고춧가루가
들어가지 않아 빨리 익으므로 저장
기간이 짧다.

비늘김치

준비하기

재료
동치미 무 1kg(500g짜리 무 2개),
절임용 물 ½컵,
절임용 굵은 천일염 50g,
고운 고춧가루 1T(선택 사항)

양념
무 200g, 배 100g, 밤 20g,
마늘 20g, 미나리 15g, 쪽파 15g,
대추 2개, 생강 5g,
석이버섯·실고추·잣·검은깨 약간씩,
새우젓 1T, 새우젓 국물 1T,
소금 약간, 고춧가루 1T(선택 사항)

만드는 법

❶ 무는 무청을 떼어내고 솔로 문질러 씻은 후 반으로 자른다. 분량의 물에 천일염을 풀어 녹이고 무에 뿌려서 뒤적거린 다음 1시간 동안 절인다. 절인 무에 2cm 간격으로 칼집을 어슷하게 내고(깊이는 무 두께의 반 정도) 다시 소금물에 담가 1시간 동안 절인다. 다 절인 무는 한 번만 헹구고 건져 물기를 뺀다. 무청도 소금물에 살짝 절여 한 번 헹군 다음 물기를 뺀다.

❷ 양념으로 쓸 무는 곱게 채 썰어 소금을 뿌려 살짝 절인 다음 물기를 뺀다.

❸ 배는 껍질을 벗기고 씨를 뺀 다음 무채와 같은 크기로 곱게 채 썬다.

❹ 밤은 껍질을 벗겨 곱게 채 썰고, 마늘과 생강·석이버섯도 곱게 채 썬다.

❺ 미나리와 쪽파는 2cm 길이로 썰고, 대추는 돌려 깎아 씨를 빼고 채 썬다.

❻ ①의 무와 ②의 무채에 각각 고운 고춧가루를 조금씩 뿌려 고춧물을 들인다(선택 사항).

❼ ③, ④, ⑤와 나머지 양념 재료를 모두 섞어 버무린다. 이때 취향에 따라 고춧가루를 넣는다.

❽ 무에 낸 칼집 사이에 ⑦의 김칫소를 채워 넣고 김치통에 차곡차곡 담는다. 절인 무청을 그 위에 펼쳐 덮으면 공기와 접촉하는 걸 막을 수 있다.

무에 생선 비늘처럼 칼집을 내고 그 사이에 소를 채워 넣는 김치다. 주로 일반 무보다 작은 동치미 무로 만드는데 총각무를 이용하기도 한다. 취향에 따라 고춧가루를 가감할 수 있다. 고춧가루 없이 먹고 싶으면 만드는 법 ⑥과 ⑦의 과정에서 고춧가루를 빼면 된다. 단 고춧가루를 넣지 않으면 빨리 익는다.

미셸 김치

준비하기

재료

알배추 500g, 무 500g,
절임용 토판염 40g,
배 500g, 쪽파 20g,
미나리 20g, 마늘 30g,
풋고추 1개, 홍고추 1개

국물

생수 1⅛L, 찹쌀풀 ¼컵,
고운 고춧가루 1T,
다진 마늘 1T,
다진 생강 1t, 소금 12g

만드는 법

❶ 알배추는 노란 속잎으로 골라
가로세로 2.5~3cm 크기로 썬다. 배추에
토판염 30g을 뿌려 1시간 동안 절였다가
흐르는 물에 헹군 다음 체에 밭쳐 물기를
뺀다.

❷ 무는 배추와 같은 크기로 썰어 토판염
10g을 뿌려 1시간 동안 절인 다음 헹구지
말고 체에 밭쳐 물기를 뺀다.

❸ 배의 절반은 배추와 같은 크기로 썰고,
쪽파와 미나리도 배추와 같은 길이로
썬다.

❹ 마늘은 편으로 썰고, 풋고추와
홍고추는 반으로 갈라 씨를 뺀 후 배추와
같은 길이로 썬다.

❺ ❸에서 남긴 배는 껍질을 벗겨 씨를
빼고 강판에 갈아 즙을 낸다.

❻ 국물 만들기: 생수에 ❺의 배즙과
나머지 국물 재료를 모두 넣고 섞는다.

❼ 김치통에 절인 배추와 무, 배, 미나리,
쪽파, 풋고추, 홍고추를 넣고 ❻의 국물을
체에 밭쳐 붓는다.

전 미국 대통령 버락 오바마의
퍼스트레이디, 미셸 오바마가 백악관
가든에서 직접 길러 수확한 배추로 담가
이슈가 된 김치 레시피를 바탕으로
만들었다. 배추를 먹기 좋은 크기로
잘라 절인 다음 비교적 간단한 과정을
거쳐 만드는 이 김치는 요리 초보자라도
도전해볼 만하다. 매운맛도 덜해서
매운 음식을 잘 못 먹는 사람이
시도해보면 좋다. 먹기 직전에 사과를
썰어 넣으면 더욱 향긋한 맛과 향을 즐길
수 있다.

나주반지

재료

배추 6kg(3kg짜리 2포기), 절임용 물 4L,
절임용 천일염 600g, 물 2L, 새우젓 ¼컵,
다진 돼지고기 100g, 무 300g, 배 300g

양념 ①

무 300g, 배 300g, 미나리 50g,
쪽파 50g, 갓 50g, 청각 50g,
풋고추 3개, 홍고추 3개, 밤 20g,
마늘 20g, 생강 10g, 석이버섯 10g

양념 ②

배 300g, 마른 고추 10개, 마늘 25g

양념 ③

낙지 200g, 전복 2마리, 소금 약간
찹쌀풀 ½컵, 멸치액젓 500g,
고춧가루 2T, 통깨 1t, 잣 ¼컵

만드는 법

❶ 배추는 밑동에 칼집을 내 손으로 벌려 반 가른다. 분량의 물에 천일염의 반을 풀어 녹인 다음 배춧잎 사이사이에 소금물을 끼얹어 적신다. 배추 줄기 부분에 나머지 소금을 켜켜이 뿌린다. 큰 통에 배추의 속이 위로 향하도록 차곡차곡 담고 남은 소금물을 붓는다. 5시간이 지나면 위아래 배추 위치를 뒤집은 다음 다시 5시간을 절인다. 다 절인 배추는 흐르는 물에 세 번 정도 헹궈 소금기를 없애고 채반에 엎어 물기를 뺀다.

❷ 냄비에 물과 새우젓을 넣고 10분 정도 끓인 다음 식힌다. 새우젓 건더기는 건지고 국물만 사용한다.

❸ 다진 돼지고기는 양념하지 않고 뜨거운 팬에 기름 없이 볶는다.

❹ 무와 배는 가로세로 3×4cm, 7mm 두께로 썬다.

❺ 양념 ① 만들기: 무는 채 썰고, 배도 곱게 채 썬다. 미나리·쪽파·갓·청각은 4cm 길이로 채 썰고, 풋고추·홍고추·밤·마늘·생강·석이버섯은 곱게 채 썬다.

❻ 양념 ② 만들기: 배, 마른 고추, 마늘은 모두 믹서에 넣고 간다.

❼ 양념 ③ 만들기: 낙지는 소금이나 밀가루로 문질러 씻어 뻘을 뺀 다음 5cm 길이로 썰고, 전복은 껍데기와 내장을 빼서 살만 편으로 썬다. 나머지 재료와 손질한 낙지, 전복을 섞는다.

❽ 양념 ①, ②, ③을 모두 섞은 다음 절인 배추 사이사이에 넣고 겉잎으로 감싼다.

❾ 김치통에 ❽의 배추를 담고 중간중간 ③의 돼지고기, ④의 무와 배를 넣는다. 마지막으로 ②의 새우액젓을 체에 걸러 붓는다.

전남 나주 지역을 대표하는 김치로 예부터 '양반 김치'라고도 불렸고, 어르신이나 집에 찾아온 손님에게 대접했다. 국물이 많지도 적지도 않으며, 젓국과 고춧가루양이 많지도 적지도 않은 중간 정도의 김치라는 뜻으로 '반지'라는 이름이 붙었다. 여름에는 낙지와 전복, 겨울에는 조기와 홍어 등의 해산물을 넣고 국물이 자작하도록 담그는 것이 특징. 이처럼 해산물이 들어간 김치는 익은 다음 단기간 안에 먹는 것이 좋다.

개성보쌈김치

준비하기

주재료(보쌈김치 10개 분량)
배추 6kg(3kg짜리 2포기), 절임용 물 4L,
절임용 천일염 600g

부재료
무 300g, 배 250g, 갓 30g, 실파 30g,
미나리 20g

새우액젓
새우젓(건더기 위주로) 150g, 생수 ½컵

양념
생새우 100g, 굴 80g(겨울철에만 사용),
새우액젓 70g, 고춧가루 30g, 마늘 20g,
생강 5g, 설탕 1T

보쌈 끈
미나리 20줄기, 소금 약간

고명
배 250g, 단감 60g, 밤 25g, 잣 20g,
미나리(두께 4~5mm 정도) 10g,
홍고추 10g, 석이버섯 3g, 실고추 3g

국물
쇠고기 사태 200g, 생수 1½L,
새우액젓 30g

개성 지방의 향토 김치로 배춧잎에 각종
재료를 넣고 보자기처럼 싸서 만든다.
재료 준비와 만드는 데 손이 많이 가서
예부터 부잣집에 특별한 행사가 있을 때
조금씩 담가서 먹었다고 한다.

만드는 법

❶ 배추 뿌리 부분을 2cm 정도 잘라내고
깨끗한 잎을 골라 떼어낸다(20장 정도).
물에 천일염을 풀어 배춧잎을 3시간 정도
절인 다음 세 번 헹구고 물기를 뺀다.

❷ 나머지 고갱이는 반으로 갈라 ①의
배춧잎을 절이고 남은 소금물에 3시간
정도 절인 다음 물에 헹구고 물기를 뺀다.

❸ 부재료 손질하기: 무와 배는 각각 5cm
길이로 채 썰고, 갓은 1cm 길이로 썬다.
실파와 미나리는 각각 3cm 길이로 썬다.
• 새우액젓 만들기: 새우젓은 다져서
생수와 함께 끓인 다음 면포에 거른다.
면포를 꼭 짜서 액젓을 받는다.
• 양념 재료 손질하기: 생새우와
마늘·생강은 다지고, 굴은 소금물에
깨끗이 씻어 체에 밭쳐 물기를 뺀다.
• 고명 재료 손질하기: 배와 단감은 껍질을
벗겨 가로세로 3cm, 3mm 두께로 썰고,
밤은 가늘게 채 썬다. 잣은 불순물을
닦아낸다. 미나리는 3.3cm 길이로 썰고,
홍고추는 2mm 두께로 채 썬 다음 물에
담가 씨를 뺀다. 석이버섯은 채 썬다.

❹ 보쌈 끈 용도의 미나리는 소금물에
살짝 데쳐 찬물에 헹군 다음 물기를 짠다.
③의 부재료에 양념 재료와 새우액젓,
고명용으로 채 썬 밤의 3분의 1을 넣고
버무려 김칫소를 만든다.

❺ 지름 15cm, 깊이 5cm 정도의 그릇에
미나리 끈을 열십자로 놓고 절인 배추

겉잎을 3장 정도 겹쳐놓는다. 배춧잎의
절반 정도는 그릇 밖으로 늘어뜨려
고명을 감쌀 수 있도록 하고, 배춧잎이
너무 크면 흰 부분을 조금 잘라낸다.

❻ ②의 고갱이는 2~3cm 길이로
자른다. ⑤의 배춧잎 위에 자른 고갱이를
둘러가며 세워서 원기둥 모양을 만든다.
고갱이 사이에 ④의 김칫소를 넣고
③의 고명 중에서 배와 단감을 3조각씩
넣는다. 맨 위에 나머지 고명을 얹는다.

❼ 절인 배춧잎 중에서 노랗고 둥근
모양으로 골라 고명 위를 덮고, 그릇에
겹쳐놓은 배추 겉잎으로 잘 싼다. 미나리
끈으로 보자기 싸듯 묶는다. 같은
방법으로 10개를 만들어 통에 담는다.

❽ 남은 배추 중에서 겉잎 3~4장을
남기고, 나머지 배추와 무는 적당히 자른
다음 고명용으로 쓰고 남은 배, 단감과
함께 남은 양념 재료에 넣고 버무린다.

❾ 국물 만들기: 쇠고기 사태는 물에 담가
핏물을 뺀 후 냄비에 생수와 함께 담아
끓인 다음 냉장고에 넣어 식힌다. 식힌
육수는 면포에 걸러 기름기를 제거한다.

❿ ⑨의 육수에 새우액젓을 넣어 간하고
2~3일 후에 붓는다. 이때 김치통의
70~80%만 채운다. ⑧의 재료를 넣어
김치통의 틈을 채우고 맨 위에 ⑧에서
남겨놓은 배춧잎으로 뚜껑을 덮는다.

해물섞박지

준비하기

주재료
배추 1½kg, 절임용 물 1L,
절임용 천일염 200g 정도,
무 1kg, 오이 500g, 콜라비 500g,
가지 250g, 수박의 흰 부분
200g(겨울에는 동과로 대체),
낙지 150g, 전복 100g, 소라 100g,
굴 100g, 생새우 50g

부재료
무채 800g, 배채 100g, 미나리 50g,
쪽파 50g, 갓 50g

양념
고춧가루 50g, 고운 고춧가루 15g,
다진 마늘 50g, 다진 생강 10g,
새우젓 25g, 소금 5g

고명
배 250g, 삭힌 고추(구하기 힘들면
생략 가능) 40g, 대추 15g

감초물
생수 1L, 감초 20g(구하기 힘들면 생략
가능)

국물
생수 1½L, 황석어젓 국물 1L,
다시마 물 1컵, 배즙 ½컵, 새우액젓 50g,
고운 고춧가루 50g, 다진 마늘 25g,
다진 생강 5g, 소금 35g

만드는 법

❶ 배추는 밑동에 칼집을 내 손으로
벌려 반 가른다. 분량의 물에 천일염의
반을 풀어 녹인 다음 배춧잎 사이사이에
소금물을 끼얹어 적신다. 배추 줄기
부분에 나머지 소금을 켜켜이 뿌린다. 큰
통에 배추 속이 위로 향하도록 차곡차곡
쌓고 남은 소금물을 붓는다. 5시간 지나면
위아래 배추 위치를 뒤집은 다음 다시
5시간 절인다. 다 절인 배추는 흐르는
물에 세 번 정도 헹궈 소금기를 없애고
채반에 엎어 물기를 뺀다.

❷ 무는 8등분해서 잘게 칼집을 내고,
오이는 3등분해서 중간에 칼집을
낸다. 껍질을 깎은 콜라비와 수박의
흰 부분은 무와 비슷한 크기로 썰고,
가지는 4등분한다. 손질한 모든 재료는
각각 소금에 절이는데 재료 무게의 5%
염도(예를 들면 무 1kg은 소금 50g
사용)로 2시간 정도 절인다.

❸ 생수에 감초를 넣고 우려내 감초물을
만든다(감초가 없으면 생수만 사용).
감초물을 끓여 손질한 낙지, 전복, 소라를
살짝 데쳐낸 다음 2cm 정도 굵기로 썬다.
굴과 생새우는 염도 3%의 소금물에 헹궈
체에 밭쳐 물기를 뺀다.

❹ 미나리, 쪽파, 갓은 2cm 길이로 썬다.
볼에 무채와 배채, 미나리, 쪽파, 갓 그리고
양념 재료를 모두 넣고 섞은 다음 ❸의
해산물을 모두 넣고 버무린다.

❺ 절인 배추에 ❹의 김칫소를 골고루
넣어 버무린 후 겉잎으로 감싼다.

❻ 국물 재료를 모두 섞는다.

❼ 고명용 배는 8등분하고 씨가 있는
중심 부분을 잘라낸다.

❽ 김치통에 ❺의 배추와 ❷의 무, 오이,
콜라비, 가지, 수박 흰 부분 절인 것들을
차례차례 얹는다.

❾ 맨 위에 배추 겉잎을 꼭꼭 눌러 덮은
다음 ❻의 국물을 베보에 걸러 넣고
고명용 배와 삭힌 고추, 대추를 넣는다.

19세기 조선의 조리서 <규합총서>에
나오는 '셧박지'를 재현한 김치로, 갖가지
해물과 채소를 섞어 담근다. '섞박지'는
여러 가지 재료를 한데 섞어서 담그는
김치라는 의미다. 준비할 재료가 많고
만드는 법도 복잡하지만, 그만큼 흔히
맛볼 수 없는 특별한 김치다. 무엇보다
갖가지 해물과 채소 맛이 배어 감칠맛이
나는 국물이 그야말로 일품이다.

* 황석어젓 국물은 생수 2L에 황석어젓
20g, 밴댕이젓 20g을 넣고 하룻밤 우려서
건더기를 건져 내고 국물만 쓴다.
* 굴은 겨울철에만 사용한다.

낙지 배추포기김치

준비하기

주재료
배추 2.5kg, 절임용 물 1L,
절임용 천일염 250g

부재료
낙지 200g, 무 500g,
절임용 천일염 1T, 배 200g, 쪽파 50g,
갓 50g, 홍고추 1개,
소금 약간

양념
다시마 물 1컵, 고춧가루 60g,
새우젓 40g, 다진 마늘 50g,
다진 생강 10g

만드는 법

❶ 배추는 밑동에 칼집을 넣어 손으로
벌려 반 가른다. 분량의 물에 천일염의
반을 풀어 녹인 다음 배춧잎 사이사이에
소금물을 끼얹어 적신다. 배추 줄기
부분에 나머지 소금을 켜켜이 뿌린다.
큰 통에 배추 속이 위로 향하도록
차곡차곡 쌓고 남은 소금물을 붓는다.
5시간이 지나면 위아래 배추의 위치를
뒤집은 다음 다시 5시간을 절인다.
다 절인 배추는 흐르는 물에 세 번 정도
헹궈 소금기를 없애고 채반에 엎어
물기를 뺀다.

❷ 낙지는 소금이나 밀가루로 바락바락
문질러 씻어서 끓는 물에 넣고 살짝 데친
다음 먹기 좋은 크기로 썬다.

❸ 무는 천일염을 뿌려 1시간 동안
절인다.

❹ 절인 무의 반은 가로세로 3×4cm,
7mm 두께로 썰고, 나머지
무와 배는 2mm 굵기로 채 썬다.

❺ 쪽파와 갓은 4cm 길이로 썰고,
홍고추는 채 썬다.

❻ 낙지, 무채와 배채, 쪽파, 갓, 홍고추에
양념 재료를 모두 넣고 잘 섞는다.

❼ 절인 배추 사이사이에 ⑥의 김칫소를
넣고 겉잎으로 전체를 싼 다음 단면이
위로 오도록 김치통에 담는다. 나머지
무에도 ⑥의 김칫소를 골고루 발라 통
한쪽에 담는다. 이때 통의 5분의 4 정도만
채우고 푸른 겉잎을 덮어 공기가 통하지
않도록 꼭꼭 누른다.

주로 전라도 지방에서 많이 담가 먹는
김치다. 예부터 김치를 담글 때 지역별로
다른 재료를 더했는데 강원도에서는
명태나 오징어를, 전라도에서는 낙지나
갈치를 넣었다. 서민보다는 경제적으로
여유 있는 집에서 귀한 해산물을 넣고
담근 고급 김치다. 낙지의 단백질이 숙성
과정에서 아미노산으로 분해되면서
감칠맛이 더욱 풍부해진다. 단, 해산물을
넣은 김치는 익은 다음 단기간 안에
먹어야 맛있다.

연근물김치

준비하기

주재료
연근 1kg, 절임용 천일염 30g

부재료
배 200g, 사과 100g, 마늘 30g,
다시마 물 2컵, 찹쌀풀 100g,
생수 2L, 소금 20g,
풋고추 1개, 홍고추 1개

만드는 법

❶ 연근은 껍질을 벗기고 2mm 두께로 썰어 소금에 30분간 절인다.

❷ 생수와 소금, 풋고추와 홍고추를 제외한 나머지 재료를 믹서에 넣고 갈아 베보에 밭친다.

❸ 절인 연근에 ②의 국물을 넣고 생수를 부은 다음 소금으로 간을 맞춘다.

❹ 풋고추와 홍고추는 동글게 썰어 ③에 올린다.

연근의 아삭아삭한 식감을 살려 담그는 물김치다. 고춧가루를 넣지 않아 담백하고, 젓갈 대신 소금으로 간을 맞춰 깔끔한 맛이 특징이다. 연근물김치에 마지막으로 올리는 풋고추와 홍고추가 색감을 더해 입맛을 한층 돋운다.

김치콩나물국

재료
김치 200g, 콩나물 200g,
쪽파 3줄기, 소금 약간

육수
물 5컵, 멸치 10마리,
다시마 10×10cm 1장

❶ 김치는 1cm 길이로, 쪽파는 4cm
길이로 썬다.

❷ 물에 다시마를 넣고 끓이다가 끓기
시작하면 멸치를 넣고 10분간 더 끓인 뒤
체에 걸러 맑은 육수만 받는다.

❸ 육수에 김치와 콩나물을 넣고
끓이다가 소금으로 간을 맞추고, 쪽파를
넣어 마무리한다.

돼지고기김치찌개

재료
김치 300g, 돼지고기 200g,
대파 ½대, 쌀뜨물 5컵

양념
고춧가루 1T, 간장 1t,
소금·후춧가루 약간씩

❶ 냄비에 돼지고기와 김치를 넣고
볶다가 쌀뜨물을 부어 끓인다.

❷ 양념 재료를 모두 섞는다.

❸ ①에 양념과 어슷하게 썬 대파를 넣고
한소끔 더 끓인다.

등갈비묵은지김치찜

재료
묵은지 400g, 등갈비 300g,
대파 1대, 양파 60g,
풋고추 1개, 홍고추 1개, 김치 국물 1컵

육수
물 5컵, 고춧가루 1T,
다진 마늘 1t, 설탕 1t

❶ 등갈비는 찬물에 1시간 동안 담가
핏물을 뺀 뒤 끓는 물에 5분간 데친다.

❷ 양파는 1cm 두께로 자르고, 대파와
풋고추·홍고추는 어슷썰기한다.

❸ 냄비에 등갈비를 깔고 묵은지를 넣은
다음 김치 국물과 육수 재료를 모두 넣고
1시간 동안 중간 불에서 조린다.

❹ 양파, 대파, 풋고추, 홍고추를 넣고
15분간 더 조린다.

김치해물전

재료
김치 200g, 오징어 ½마리,
새우 5마리, 쪽파 10줄기,
풋고추 1개, 홍고추 1개, 식용유 적당량

반죽
물 3컵, 밀가루 300g, 달걀 1개,
소금 약간

❶ 김치는 1cm 폭으로 썰고, 오징어는
5mm 두께로 채 썬다. 새우는 잘게
저미고, 쪽파는 5cm 길이로 썬다.
풋고추·홍고추는 송송 썬다.

❷ 반죽 재료를 모두 섞은 다음 김치,
오징어, 새우, 쪽파를 넣어 섞는다.

❸ 달군 팬에 식용유를 넉넉히 두르고
②의 반죽을 올린 후, 풋고추와 홍고추를
반죽 위에 얹어 양면을 노릇하게 굽는다.

총각무김치지짐

재료
총각무김치 300g, 대파 1대, 양파 80g,
마른 표고버섯 2장

육수
물 1L, 멸치 10마리,
다시마 10×10cm 1장, 된장 1T,
고춧가루 1T

❶ 총각무김치는 물에 씻어 길게
4등분하고, 대파는 어슷하게 썬다. 양파는
1cm 두께로 썬다. 마른 표고버섯은 물에
불린 뒤 5mm 두께로 채 썬다.

❷ 냄비에 육수 재료를 모두 넣고
총각무김치와 불린 표고버섯, 양파를
넣어 30분간 중간 불에서 조린 뒤 대파를
올린다.

김치볶음밥

재료
김치 100g, 밥 1공기,
양파 60g, 베이컨 3장, 달걀 1개,
쪽파 3줄기, 식용유 2T, 통깨 1t

양념
고춧가루 1t, 참기름 1T,
소금·후춧가루 약간씩

❶ 김치와 쪽파는 송송 썰고, 양파는
성글게 다진다. 베이컨은 1cm 폭으로
자른다.

❷ 달군 팬에 식용유를 두르고 김치, 양파,
베이컨을 볶다가 밥과 양념 재료를 모두
넣고 볶는다.

❸ 달걀은 서니 사이드 업으로 굽는다.

❹ 볶은 밥에 달걀을 올리고 쪽파와
통깨를 올려 낸다.

쇠고기등심된장찌개

재료
등심 150g, 애호박 3cm,
감자 ½개, 양파 ½개, 대파 5cm,
물 3컵, 다시마 10×10cm 1장, 된장 3T,
고춧가루 1t, 풋고추·홍고추 약간씩

❶ 분량의 물에 다시마를 넣고 끓이다가 끓기 시작하면 다시마는 건진다.

❷ 등심은 5mm 두께로 저며 썰고, 애호박과 감자는 5mm 두께로 반달썰기한다. 양파는 1cm 두께로 4등분하고, 대파는 1cm 길이로 송송 썬다.

❸ 달군 냄비에 등심을 볶다가 ①의 다시마 물과 ②의 채소들을 넣고 끓인다. 끓기 시작하면 거품을 걷어낸 후 된장을 풀고 고춧가루를 넣어 푸르르 끓인다.

❹ 풋고추·홍고추를 어슷썰기해 고명으로 올린다.

새우단호박된장국

재료
대하 6마리, 단호박 100g,
양파 ¼개, 쪽파 2줄기, 물 4컵,
새우 껍데기 6마리 분량,
다시마 10×10cm 1장, 된장 2T,
마늘편 1쪽 분량, 홍고추 ½개

❶ 대하는 껍데기를 벗겨 내장을 뺀 다음 살을 편으로 저민다. 단호박은 가로세로 3cm 길이, 5mm 두께로 썬다. 양파는 5mm 두께로 슬라이스하고, 쪽파는 3cm 길이로 썬다.

❷ 달군 팬에 새우 껍데기를 볶다가 물을 붓고 다시마를 넣은 뒤 끓인다. 끓기 시작하면 새우 껍데기와 다시마를 건진다.

❸ ②의 육수에 ①의 대하와 단호박을 넣고 끓이다가 끓기 시작하면 양파를 넣고, 마지막에 된장, 마늘편, 쪽파를 넣어 푸르르 끓인다. 홍고추를 채 썰어 고명으로 올린다.

강된장비빔밥

재료
보리밥 2공기,
상추 6장, 청양고추 1개

강된장
된장 4T, 고추장 1T,
양파 100g, 감자 100g,
표고버섯 1개,
대파 10cm, 물 1컵, 멸치 가루 1작은술

❶ 상추는 한 입 크기로 찢고, 청양고추는
송송 썬다.

❷ 양파와 감자, 표고버섯은 가로세로
1cm 크기로 썰고, 대파는 다진다.

❸ 냄비에 강된장 재료를 모두 넣고
자작해질 때까지 끓이며 눋지 않도록
조린다.

❹ 그릇에 보리밥을 담고 상추와
청양고추를 올린 다음 강된장을
곁들인다.

된장비빔국수

재료
중면 200g,
부추 50g, 홍고추 1개

양념
된장 4T, 두부 50g,
다진 양파 100g,
고춧가루 ½T, 설탕 1T,
쌀뜨물 100cc

❶ 두부는 꼭 짜서 으깨고, 달군 냄비에
다진 양파와 쌀뜨물을 함께 넣고 끓인다.
끓기 시작하면 된장, 고춧가루, 설탕을
넣고 걸쭉해질 때까지 조린다.

❷ 면은 끓는 물에 삶아 얼음물에 헹군다.

❸ 부추는 1cm 길이로 썰고, 홍고추는
성글게 다진다.

❹ 삶은 면에 ①의 양념을 올리고 부추와
홍고추를 얹어 낸다.

두부된장조림

재료
두부 1모, 가지 1개, 대파 20cm,
식용유 적당량

양념
된장 2T, 고춧가루 ½T,
다진 마늘 1t, 설탕 2t, 물 1컵,
돼지고기 간 것 50g

❶ 두부는 1cm 두께로 납작하게 썰고,
가지는 어슷썰기한다. 대파는 1cm
두께로 어슷하게 썬다.

❷ 양념 재료를 모두 섞는다.

❸ 달군 팬에 식용유를 두르고 두부를
올려 양면을 노릇하게 구운 다음, 가지와
대파를 두부 옆에 놓고 ②의 양념을
끼얹어 약한 불에서 조린다.

된장 드레싱 닭가슴살 샐러드

재료
닭 가슴살 1조각, 취청오이 ½개,
적양파 ½개, 래디시 2개,
셀러리 10cm, 당근 5cm,
고수 3줄기, 청주 1T, 소금 ½t

드레싱
된장 1T, 다진 마늘 1t,
다진 생강 1t, 식초 2T, 설탕 ½T

❶ 닭 가슴살은 끓는 물에 청주와 소금을
넣고 삶은 다음 찢어놓는다.

❷ 오이는 돌려 깎아 얇게 채 썬다.
적양파·래디시·셀러리·당근은 얇게
채 썰고, 고수는 3cm 길이로 썬다.

❸ 드레싱 재료를 모두 섞는다.

❹ 그릇 가운데에 닭 가슴살을 담고,
채 썬 채소를 색색으로 빙 둘러 담는다.
드레싱을 곁들여 낸다.

고추장찌개

재료
감자 1개, 애호박 5cm,
양파 160g, 표고버섯 2개, 대파 1대,
조갯살 200g, 고추장 5T

육수
물 3컵, 다시마 5×5cm 1장

❶ 감자, 애호박, 양파, 표고버섯은
가로세로 1cm 크기로 썬다. 대파는 1cm
길이로 썬다.

❷ 분량의 물에 다시마를 넣고 끓이다가
끓기 시작하면 중간 불에서 5분간 더 끓인
다음 다시마를 건진다.

❸ ②에 감자, 애호박, 양파, 표고버섯,
대파를 모두 넣고 감자가 익을 때까지
끓이다가 고추장을 넣는다. 걸쭉하게
끓으면 조갯살을 넣고 푸르르 끓인다.

쇠고기장떡

재료
쇠고기 양지 100g, 부추 40줄기,
풋고추 1개, 홍고추 1개, 식용유 적당량

반죽
밀가루 150g, 달걀 ½개분, 물 1½컵,
고추장 1T

❶ 쇠고기 양지는 곱게 채 썬다. 부추는
3cm 길이로, 풋고추와 홍고추는 3mm
두께로 썬다.

❷ 반죽 재료를 모두 섞은 다음 부추를
넣고 섞는다.

❸ 달군 팬에 식용유를 두르고 ②의
반죽을 한 국자씩 떠서 올린 후 ①의
쇠고기와 풋고추, 홍고추를 얹어 양면을
노릇하게 굽는다.

황태고추장구이

재료
황태 1마리, 풋고추 1개·홍고추 1개,
식용유 약간

양념
고추장 5T, 물엿 3T, 고춧가루 1T,
간 양파 150g, 간 생강 1t,
간 마늘 2t, 참기름 2T

❶ 풋고추·홍고추는 다지고, 양념 재료는
모두 섞는다.

❷ 황태는 머리를 잘라내고 흐르는 물에
살짝 씻어 불린 뒤 참기름을 바른다.

❸ 달군 팬에 식용유를 두르고 ②의
황태를 양면으로 노릇하게 굽다가 ①의
양념을 바른 다음 다시 양면으로 가볍게
굽는다.

❹ 구운 황태는 한 입 크기로 썰고,
풋고추와 홍고추를 뿌린다.

약고추장(볶음고추장)

재료
고추장 100g, 쇠고기 양지 200g,
다진 마늘 1t, 통깨 2t, 물 ½컵

❶ 쇠고기는 잘게 채 썬다.

❷ 달군 냄비에 쇠고기를 볶다가 고추장,
다진 마늘, 물을 넣고 조리듯이 끓인다.

❸ 마지막에 통깨를 올려 낸다.

오삼불고기

재료
오징어 1마리, 삼겹살 300g, 양파 80g,
당근 30g, 대파 1대, 식용유 적당량

양념
고추장 1T, 고춧가루 2T, 맛술 1T,
설탕 ½T, 다진 마늘 2t, 다진 생강 1t,
참기름 ½T

❶ 오징어는 칼집을 내 한 입 크기로
썰고, 삼겹살과 양파는 3cm 두께로
썬다. 당근은 5mm 두께로 썰고, 대파는
어슷하게 썬다.

❷ 양념 재료를 모두 섞는다.

❸ 대파를 제외한 ①의 재료를 ②의
양념에 무친다.

❹ 달군 팬에 식용유를 두르고 중간
불에서 볶다가 대파를 넣고 가볍게
볶는다.

명란젓달걀말이

재료
명란젓 100g, 달걀 5개,
쪽파 2줄기, 식용유 적당량

❶ 달걀은 잘 풀어놓고, 쪽파는 송송 썬다.

❷ 달군 팬에 식용유를 두르고 달걀 푼
것을 붓는다. 명란젓을 달걀 한쪽 끝에
놓고 돌돌 만다. 같은 방법으로 두세 번
말아가며 굽는다.

❸ 달걀말이를 1cm 두께로 썰고, 쪽파를
곁들여 낸다.

조개젓무침

재료
조개젓 50g, 풋고추 ½개, 홍고추 ½개,
다진 마늘 ½t, 참기름 1t, 통깨 약간

❶ 풋고추와 홍고추는 잘게 다진다.

❷ 조개젓에 다진 마늘과
풋고추·홍고추를 넣고 섞은 다음
참기름과 통깨를 넣어 무친다.

새우젓튀김

재료
새우젓(육젓) 50g, 청양고추 1개,
튀김가루 1컵, 물 ⅔컵, 밀가루 2T,
식용유 적당량

❶ 튀김가루와 물을 섞어 반죽을 만든다.

❷ 청양고추는 잘게 다져 ①의 반죽에
섞는다.

❸ 새우젓은 물기를 빼고 하나하나
떨어지게 밀가루를 고루 뿌린 다음
②의 반죽을 입혀 170℃의 튀김 기름에
바삭하게 튀긴다.

까나리액젓 샐러드

재료
방울토마토 2개, 로메인 5장,
적양파 30g, 새우 4마리,
고수 3줄기, 홍고추 1개

드레싱
까나리액젓 2T, 다진 마늘 1t,
청양고추 1개, 꿀 1T,
식초 2T, 올리브유 2T

❶ 청양고추는 다져 나머지 드레싱
재료와 모두 섞는다.

❷ 방울토마토는 반으로 가르고,
로메인은 한 입 크기로 자른다. 적양파는
5mm 두께로 썰고, 홍고추는 송송 썬다.
새우는 꼬리만 남기고 껍질을 깐다.

❸ 달군 팬에 새우를 노릇하게 굽는다.

❹ 그릇에 ②의 채소와 고수, 구운 새우를
담고 ①의 드레싱을 뿌려 낸다.

낙지젓 감자 샐러드

재료
감자(작은 것) 10개,
소금 1t, 후춧가루 약간, 고수 3줄기

소스
마요네즈 5T, 낙지젓 2T

❶ 감자는 껍질을 까서 냄비에 담은 후
물을 자작하게 붓고 소금을 넣어 삶는다.
감자가 익은 후 물이 완전히 없어질 만큼
졸인다. 냄비 뚜껑을 흔들어 감자 분이
나게 한 다음 식힌다.

❷ ①의 감자에 소금과 후춧가루를 뿌려
간한다.

❸ 마요네즈와 낙지젓을 섞은 소스에
②의 감자를 넣고 가볍게 버무린 뒤
고수잎을 잘게 잘라 뿌린다.

멸치젓 딥 소스와 채소 스틱

재료
당근 5cm, 셀러리 20cm,
래디시 2개, 오이 ½개

소스
멸치젓 60g, 블랙 올리브 30g,
다진 마늘 2t, 올리브유 4T

❶ 블렌더에 소스 재료를 모두 넣고 곱게
간 다음 냄비에 넣고 약한 불에서 3분
정도 끓인다.

❷ 당근·셀러리·오이는 5cm 길이의
스틱 모양으로 자르고, 래디시는 반으로
자른다.

❸ 스틱 채소와 소스를 각각 담아낸다.

참외된장장아찌삼겹살구이

재료
참외된장장아찌 100g, 삼겹살 200g,
부추 50g, 홍고추 1개, 소금·후춧가루
약간씩

양념
식초 ½T, 매실청 1T,
다진 마늘 ½t, 통깨 ½t

장아찌 양념
매실청 1t, 통깨 약간

❶ 참외된장장아찌는 2mm 두께로
썰고, 부추는 3cm 길이로 썬다. 홍고추는
가늘게 채 썬다.

❷ 양념 재료를 모두 섞는다.

❸ 참외된장장아찌에 장아찌 양념 재료를
뿌려 가볍게 섞는다.

❹ 삼겹살에 소금과 후춧가루를 뿌려
양면을 노릇하게 굽는다. 구운 삼겹살과
③의 장아찌를 한 접시에 담는다.

❺ 부추는 ②의 양념을 넣고 무쳐 다른
접시에 담고, 홍고추를 올린다.

무간장장아찌 김밥

재료
밥 3컵, 무간장장아찌 120g,
김 2장, 달걀 2개, 참나물 100g,
소금·식용유 적당량

단촛물
식초 3T, 설탕 2T, 소금 1t

❶ 달걀은 잘 풀어 소금으로 간한다.
달군 팬에 달걀 푼 것을 붓고 도톰하게
부친 다음 1cm 폭으로 길게 썬다.

❷ 무간장장아찌는 물기를 빼고 채 썬다.

❸ 참나물은 끓는 물에 살짝 데쳐
얼음물에 넣어 식힌 다음 건져서 물기를
꼭 짠다.

❹ 단촛물 재료를 냄비에 모두 넣고 끓인
다음 식힌다.

❺ 뜨거운 밥에 단촛물을 넣고 잘 섞는다.

❻ 김에 ⑤의 초밥을 펼쳐놓고 달걀부침,
무간장장아찌, 참나물을 올려 돌돌 만다.

풋고추간장장아찌 타르타르소스와 생선튀김

재료
대구살 200g, 튀김가루 1컵, 물 1컵,
밀가루 2T, 소금·후춧가루 약간씩,
셀러리 20cm, 당근 5cm, 식용유 적당량

타르타르소스
풋고추간장장아찌 8개, 양파 100g,
마요네즈 200g, 소금 1t, 삶은 달걀 2개,
소금·후춧가루 약간씩, 양파 절임용
소금 약간

❶ 타르타르소스 만들기:
풋고추간장장아찌는 물기를 빼서 다진다.
삶은 달걀은 흰자를 다지고 노른자는
으깬다. 양파는 다져서 소금을 뿌려
절인 다음 물기를 꼭 짠다. 마요네즈와
모든 재료를 섞고 소금, 후춧가루로 간을
맞춘다.

❷ 대구살은 가로세로 3×6cm, 2cm
두께로 썰어 소금, 후춧가루로 간을 한다.

❸ 셀러리와 당근은 5cm 길이의 스틱
모양으로 썬다.

❹ 튀김가루와 물을 섞어 반죽을 만든다.
②의 대구에 밀가루를 묻힌 다음 반죽을
입혀 170℃로 달군 식용유에 튀긴다.

❺ 대구튀김과 셀러리·당근 스틱을 함께
담고 타르타르소스를 곁들여 낸다.

함께 한 사람들

자문과 감수

박채린

연세대학교에서 식품영양학을,
한국학중앙연구원 한국학대학원에서
민속학을 전공해, 자연과학과 인문학을
정통으로 통섭한 차세대 음식인문학자.
한국식품연구원 부설 기관인
세계김치연구소 책임연구원으로 김치
문화사의 권위자다.
저서로 <조선시대 김치의 탄생>
<통김치, 탄생의 역사> 등이 있다.

요리 자문과 요리

이하연

대한민국김치협회 회장으로 대한민국
식품명인 제58호로 지정되었다. 봉우리
영농조합법인을 이끌며 손수 담근 장과
김치를 판매하고 김치에 관한 강의도
지속적으로 하고 있다. <이하연의
발효음식>을 비롯해 <내가 담근 우리집
첫김치> <이하연의 명품김치> 등의
저서가 있다.

요리

김정은

배화여자대학교 전통조리학과 교수이자
요리 연구가. 레스토랑, 카페, 기업 등 여러
업체의 컨설팅을 맡았으며 TV 방송과
잡지, 각종 캠페인 등을 통해 한식을
알리는 다양한 활동을 하고 있다. 저서로
<小식구 밥상> <감칠맛의 비밀> 등이
있다.

글

권오길

강원대학교 생명과학과 명예교수.
퇴직 후에는 다양한 생물 이야기에
대한 글을 꾸준히 쓰고 있다. 2003년
'대한민국과학문화상'을 받았으며
<생명의 이름> <우리말에 깃든
생물이야기> 시리즈 등의 저서가 있다.

정병설

서울대학교 국어국문학과 교수로,
고전문학을 통해 조선 시대의 인간과
사회를 연구하고 있다. 저서로 <권력과
인간-사도세자의 죽음과 조선 왕실>
<18세기의 맛>(공저) 등이 있으며, 역서로
<한중록> <혜빈궁일기> 등이 있다.

정혜경

호서대학교 식품영양학과 교수로 재직
중이며, 한국식생활문화학회 회장과
대한가정학회 회장을 역임했다. 한국
음식 문화의 역사와 과학성에 매료돼
30년 이상 한국의 밥과 장, 전통주 문화,
고조리서, 종가 음식 등을 연구해왔다. 또
한식의 과학화를 위해 김치 품질 측정기,
한방 맥주 등의 제품 특허를 취득하기도
했다. <천년 한식 견문록> <밥의 인문학>
<채소의 인문학> <고기의 인문학> 등의
저서가 있다.

한성우
인하대학교 한국어문학과 교수로, 우리말과 관련한 다양한 분야의 글을 쓰고 있다. 저서로 <우리 음식의 언어> <방언, 이 땅의 모든 말> 등이 있다.

김준
광주전남연구원 책임연구위원, 국제슬로푸드한국협회 슬로피시 위원장으로 일하면서 어촌, 바다, 섬, 갯벌의 가치를 기록하고 있다. <바닷마을 인문학> <한국 어촌사회학> <김준의 갯벌 이야기> <섬 문화 답사기> 등을 펴냈다.

조미숙
이화여자대학교 식품영양학과 교수로 '묵은지 숙성 알고리즘'을 적용한 김치냉장고 개발에 참여한 바 있다. <음식과 세계문화> 등을 발간했다.

배영동
안동대학교 민속학과 교수로, 안동대학교 민속학연구소장과 박물관장, 실천민속학회장을 지냈고 문화재청 무형문화재위원으로 활동하고 있다. 주로 농경 문화와 음식 문화, 지연 문화에 대한 연구를 한다. 저서로 <음식디미방과 조선시대 음식문화>(공저) <안동문화로 보는 한국학>(공저) 등이 있다.

이어령
이화여자대학교 국문학과 교수로 30여 년간 재직했으며, 중앙일보 상임고문, 월간 <문학사상> 주간, 한중일비교문화연구소 이사장을 역임했다. 시대를 꿰뚫는 날카로운 통찰력과 우리 문화에 대한 높은 안목으로 서울올림픽 개·폐회식 및 식전 문화 행사, 대전 엑스포 문화 행사 리사이클관을 기획했으며, 초대 문화부 장관을 지냈다. 대표 저서로는 <축소지향의 일본인> <디지로그> <생명이 자본이다> <지의 최전선> <너 어디에서 왔니: 한국인 이야기-탄생> 등이 있다.

정종수
중앙대학교 대학원에서 '조선 초기 상장의례 연구'로 박사 학위를 받았다. 오랫동안 역사민속학과 상·장례에 관해 연구했으며, 국립춘천박물관 관장, 국립민속박물관 유물과학과 과장, 국립고궁박물관 관장을 역임했다. 저서로 <계룡산> <풍수로 본 우리 문화 이야기> <사람의 한평생> 등이 있다.

전재근
서울대학교 식품공학과 명예교수로, 한국산업식품공학회 초대 회장과 국제식품공학연맹 초대 한국 대표를 역임했다. <음식이 사람을 만든다> 등을 펴냈다.

허시명
술 평론가이자 막걸리학교 교장이다. 잡지 <샘이깊은물> 기자를 거쳐 문화부 전통가양주실태조사사업 책임연구원과 농림수산식품부 전통주 품평회 심사위원을 역임했다. <막걸리, 넌 누구냐?> <숨겨진 비주를 찾아서> <풍경이 있는 우리술 기행> <향기로운 한식, 우리술 산책> <술의 여행> 등 다양한 저서를 집필했다.

이주연
미식 칼럼니스트로 대한항공 기내지 <MorningCalm>, 국내 여행 잡지 <KTX 매거진> 기자로 전국 방방곡곡의 음식과 술을 섭렵했다. 이 외에도 다양한 매체에 음식 관련 글을 쓴다.

스타일링

김경미
한국의 1세대 푸드 스타일리스트로, 잡지와 책에서 자연스러우면서도 감각적인 스타일링을 선보여왔다. '케이원 푸드 스타일링 그룹'을 이끌며 CJ, 삼성, LG, 버거킹, 마켓컬리 등의 음식 광고 촬영에 집중하고 있다.

색인

사진과 그림 저작권

36쪽 ⓒ<행복이 가득한 집>

47쪽 ⓒ<행복이 가득한 집>

58쪽 ⓒ<행복이 가득한 집>,
사진 민희기

76~83쪽 ⓒ<행복이 가득한 집>,
사진 민희기

108, 110, 121쪽 ⓒ이동춘

122, 124, 126~127쪽 ⓒ황헌만

136, 137쪽 ⓒ민희기

146~149쪽, 166~167쪽
ⓒ복순도가

155쪽 ⓒ<행복이 가득한 집>

그밖의 모든 사진 ⓒ박찬우

모든 그림 ⓒ김진이

K FOOD

한식의 비밀

기획	<행복이 가득한 집>
편집장	구선숙
아트 디렉팅	김홍숙
책임 편집	최혜경
자문	박채린
요리	이하연-김치, 김정은-일상식
진행	박진영
비주얼 디렉팅	서영희
사진	박찬우
디자인	김귀임, 심혜진
스타일링	김경미
미디어 부문장	김은령
영업부	문상식, 소은주
제작부	정현석, 민나영
출력	새빛그래픽스
인쇄	문성인쇄

발행인	이영혜
1판 1쇄	펴낸날 2021년 9월 30일
1판 2쇄	펴낸날 2021년 12월 15일
발행 공급처	(주)디자인하우스
	서울시 중구 동호로 272
	www.designhouse.co.kr
등록	1987년 4월 9일, 라-3270
대표전화	02-2275-6151
판매 문의	02-2263-6900
ISBN	978-89-7041-745-5 (14590)
값	200,000원(5권 세트)

이 책은 오뚜기함태호재단의 지원을 받아 만들었습니다.